빛깔있는 책들 ●●●
222

서원 건축

글 · 사진 | 김봉렬

대원사

김봉렬 ————————
서울대학교 건축학과를 졸업하고
동대학원에서 박사학위를 받았다.
대학원 시절에는 건축연구소 아키
반과 삼정건축에서 실무를 익혔다.
울산대학교 건축학과 교수와 문화
관광부 문화재전문위원, 김수근 문
화재단 전문위원, 한국건축역사학회
상임이사 등을 역임하였다. 현재는
한국예술종합학교 미술원 건축과
교수로 있다. 주요 저서로는 『한국
의 건축 – 전통 건축편』『법주사』
『한국 건축과 만남』(전3권) 등이
있고, 한국 건축에 관한 30여 편의
연구 논문과 다수의 현대 건축 비
평들이 있다.

도면 작성에 도움 주신 분
서울대학교
영월대학
삼성건축
도용호
김은중
조상순

서원 건축

서원, 성리학 그리고 사림파	7
성리학적 정신과 서원 건축	15
서원 건축의 입지와 배치 형식	27
서원의 기능과 건물	35
서원 건축의 역사	53
서원 건축 순례	65
소중한 건축 자산, 서원	141
참고 문헌	143

서원 건축

도동서원 강당

서원, 성리학 그리고 사림파

조선시대의 서원은 무엇이었는가? 명쾌하게 설명하기란 쉽지 않다. 현대 사회에서는 이미 사라진 용도의 건축이기 때문이다. 일종의 사립 대학이라고 우선 대답할 수는 있다. 서원에는 학생과 선생이 있고 유학의 경전이라는 전문 분야를 공부하였기 때문이다. 그러나 서원에는 항상 사당이 있다. 조선 서원의 창시자라 할 수 있는 주세붕(周世鵬)은 "사묘(祠廟)가 없으면 서원이 될 수가 없다"고 서원의 자격 요건을 못박았다. 사당 또는 사묘는 돌아가신 이들의 위패를 봉안하고 때마다 제사를 지내는 유교의 성전이다. 그렇다면 서원은 교육 시설과 종교 시설이 결합된 건축이라 할 수 있다.

서원의 사당에는 아무나 봉안될 수 없었다. 유학의 발전에 혁혁한 공헌을 세운 대유학자이거나 나라를 위해 충절을 바친 선현들만이 봉안될 수 있었다. 그것도 특정한 한 사람이었고 많아야 10인을 넘지 않았다. 왜 학교 안에 특정 선현을 모셔야 할까? 선현의 학덕과 위대한 유훈을 하나의 모범으로 받들면 후학들을 계도하고 학문을 연마하는 데에 도움이 된다고 믿었기 때문이다.

서원이라는 용어는 이미 신라시대에도 등장한다. 그러나 당시의 서

안향 영정 백운동서원(소수서원)에는 성리학을 이 땅에 최초로 수입한 회헌 안향의 영정을 모시고 있다.

원이란 일종의 관직이거나 도서관 또는 개인 사숙과 같은 학문 연수처의 명칭이었을 뿐, 조선시대에 등장한 교육 기관으로서의 서원은 아니었다.

정통적인 의미를 갖는 서원의 시작은 중종 37년(1542) 당시 풍기군수였던 주세붕이 현재의 영주시 순흥면에 세운 백운동서원(白雲洞書院, 소수서원)이었다. 중국 송대에 세워진 백록동서원(白鹿洞書院)의 예를 좇아서 백운동서원을 세웠다고 한다.

백록동서원은 성리학을 체계화한 회암 주희(晦庵 朱熹)를 봉향한 서원이다. 주자(朱子)로 받들어지는 주희는 유학 사상의 공자에 버금가는 대성현이었는데 주자가 세운 성리학을 주자학이라고도 할 정도였다. 명칭까지도 백록동서원을 따라 창건한 백운동서원에는 중국의 성리학을 이 땅에 최초로 수입한 회헌 안향(晦軒 安珦)을 모시고 있다. 최초의 서원에 배향된 인물이 바로 한국 성리학의 태두라는 점에 주목할 필요가 있다. 성리학과 서원의 관계를 이해하는 것이 바로 서원의 실체를 이해하는 핵심이기 때문이다.

안향은 '조선의 주자(海東朱子)'라 불릴 만큼 주자의 열렬한 팬이었다. 그는 만년에 주희의 초상화를 늘 걸어두고 경모하였으며 주자의 호인 회암을 좇아 자신의 호를 회헌이라 하였다고 전한다. 안향은 조선 사림의 태두로서도 기록된다. 안향의 학맥은 이색(李穡)과 정몽주(鄭夢周)를 거쳐 김종직(金宗直) 등 조선의 사림파로 이어졌으며, 퇴계 이황(退溪 李滉)과 율곡 이이(栗谷 李珥)에서 완성을 이룬다. 사림파의 존재 목표는 다름 아닌 성리학의 발전과 사회적 실현이었다. 백운동 서원의 창립자인 주세붕이나 이 서원을 소수서원으로 사액 승격시킨 이황 모두 전형적인 사림파요, 성리학자였다.

백운동서원과 그곳에 봉안된 안향의 성향에서 우리는 서원 건축을 이해하는 첫발을 내디딜 수 있다. 하나는 성리학적 명분론 또는 사림파의 역사와 서원의 역할 사이의 관계이며, 다른 하나는 백록동서원과 같은 서원 건축의 이상형이 존재하였다는 사실이다.

사림파의 형성과 성리학적 거대 구조

실제로 초창기에 서원을 설립한 주체들은 모두 사림파였고, 서원에 봉안된 인물들도 대부분 사림파의 선구적 위인들이었다. 사림파의 뿌리는 고려 말기에 새로운 사회 주도 세력으로 등장한 사대부 계층으로 올라간다. 사대부란 선비[士]와 벼슬아치[大夫]를 겸한 계층으로 평소에는 글을 읽는 선비지만 일단 나라의 부름이 있으면 벼슬길에 나아가 그동안 갈고 닦은 경륜을 펼치며 실천에 옮기는 지행합일의 인간상이다. 한 번 벼슬에 오르면 직업 공무원으로 일생을 마치고, 아버지가 귀족이면 대대로 귀족이 되는 고려조의 권력층과 비교해 볼 때 전혀 새로운 종류의 계층인 것이다.

유교 사회로 통치 이념을 전환하려는 염원은 모든 사대부들이 보조를 같이하였지만, 고려 왕조를 무너뜨리고 새로운 왕조를 세우는 역성 혁명에는 상반되는 입장들이 대립하였다. 절의파라 불리운 정몽주, 야은 길재(冶隱 吉再), 이색 등은 이른바 체제 내의 개혁을 주장하였던 반면 정도전(鄭道博), 조준(趙浚) 등의 참여파는 역성혁명에 이론적 정당성을 부여하며 새 왕조 건설에 절대적인 역할을 하였다. 참여파 내에서도 갈등과 분열이 있었지만 그들 대부분은 새 나라의 건국 공훈자가 되었고, 성공한 쿠데타의 실세로서 정치·경제적 전리품들을 차지할 수 있었다. 이들은 훈구파라 하여 가문 대대로 새 왕조의 고위직을 독점하였고, 역성혁명의 초기 이상과는 달리 새로운 귀족층을 형성하게 되었다. 반면 절의파들은 정치적으로 숙청되든가 아니면 지방에 은둔하면서 학문 수양에만 전념하였다. '사'와 '대부'가 뚜렷하게 분리된 것이다.

사대부층이 분리되면서 숲 속에서 글만 읽는 절의파 계열을 일컬어 '사림(士林)'이라 부르기 시작하였다. 그들이 우여곡절 끝에 조선 사회의 정치·사상적 주역으로 등장하기 시작한 것은 대략 16세기로, 자신들의 향리에서 경제적 기반을 잡아가는 동시에 여론 주도층으로 사회적 입지를 굳혔다. 자의 반 타의 반으로 중앙 정계에 관여하지 않던 사림파들의 정치·경제적 기반은 자신들이 살고 있는 향촌이었다. 비록 조선조가 유교 통치를 표방하였지만 기층 사회에는 아직도 불교시대의 유습들이 뿌리깊게 남아 있었다. 성리학적 세계의 구현을 목표로 삼은 사림들이 첫번째로 계도(啓導)해야 할 대상은 바로 향촌 사회였다.

당시 향촌 사회의 가족 제도는 이른바 자녀 균분상속제를 기반으로 조직되었다. 부모의 재산을 자녀의 수대로 나누어 공평하게 물려주는 제도이며, 남녀나 장차남의 차별이 없었다. 야심 있는 청년들이 출세할 수 있는 지름길은 재산 많고 권력 있는 집안에 '장가(杖家)를 드는' 일이었다. 장가를 든 다음에는 처가 마을에 정착하며, 친가의 확고한 연고지가 없으면 일생을 그곳에서 마치게 된다. 그들의 아들 역시 사돈 마을로 장가를 들게 되니 씨족 마을은 아직 형성될 수 없었다.

향촌 사회의 교화(教化)를 위해서는 우선 자녀 균분상속제를 타파할 필요가 있었다. 경제적으로 평등한 조건에서 남녀간, 장차남간의 서열과 위계를 강조해 봐야 실효성이 없기 때문이다. 따라서 사림파들은 조선 사회에 가부장제와 장자상속제를 실험하고 정착시킨다. 특히 임진 왜란을 겪으면서 기존의 가치관이 붕괴된 17세기 초에는 혈연과 자손이 의지할 수 있는 유일한 가치 기준이었다. 가부장제와 장자상속제는 자연스럽게 같은 성씨들이 모여 사는 씨족 마을을 형성하게 된다. 재산을 상속한 장남은 종손으로서 마을을 지키게 되고, 드디어 여자들이 시집[媤家]을 오는 가부장제를 실현시켰다. 씨족 마을의 형성은 가문주의와 학파주의를 촉진시켰고 가문과 학파를 사회·정치적 세력으로 결집시키기 위하여 모임과 단합을 위한 구체적인 장소와 건축물이 필요하게 되었다. 따라서 그 역할을 자연스레 서원 건축이 맡게 된다.

향촌 교화와 장자상속제, 가부장제, 사림파의 형성 등은 별개의 사실들이 아니라 모두 성리학의 수용과 실현이라는 거대한 구조 속에 서로 얽혀 있는 불가분의 현상들이고, 그 구조의 핵심에 서원이라는 건축 공간이 있었다. 이런 점에서 서원은 성리학의 교육 기관인 동시에 종교 성전이고, 더 나아가 향촌 교화와 세력화라는 사림들의 이데올로기가 만들어낸 정치적 거점이기도 하다. 성리학의 세계란 학문과 종교, 정치, 사회 현상이 하나로 통합된 합일의 세계였다. 따라서 서원이 갖는 복합적 기능들은 별도로 분리할 수 있는 것이 아니라, 애초부터 하나의 시설물 안에 존재하는 다양한 모습들이라 이해하는 편이 합당하다.

서원 발전의 사회적 원인

초기의 서원이 비록 교육적인 기능에 치중하였다고 하지만, 백운동 서원의 설립 동기에도 이런 복합적 의도가 뚜렷하게 나타난다. 주세붕이 서원을 설립할 당시 풍기 지방에는 극심한 가뭄이 들어 재정도 궁핍하고 민심도 흉흉하였다. 지방 행정관으로서 가장 먼저 해결해야 할 과

업이 가뭄을 극복하고 민심을 보살피는 것임에도 불구하고 주세붕은 엉뚱하게도 서원 설립에 심혈을 기울였다. 주세붕은『죽계지(竹溪誌)』서문에서 이렇게 이유를 밝히고 있다.

"기근이 심함에도 불구하고 서원을 세우는 목적은 교화가 구근(求饉)보다 급한 것이며, 교화는 반드시 선현을 존숭하는 것에서부터 시작되어야 하므로 사당을 세우고 서원을 만드는 것이다."

그가 말하는 교화란 단순한 교육이 아니라, 성리학적 세계관을 실현하여 향촌 사회를 재조직하는 정치적 행위였다. 선현 존숭이라는 종교적 행위도 궁극적으로는 교화를 위해서 필요하다는 점을 명백히 인식한 주세붕을 단순히 관념론자로 평가할 수만은 없다. 20세기 말 한국이 겪고 있는 경제 위기의 근원이 사회적 철학과 정신의 빈곤에서 비롯한 것과 같이, 모든 현실적 어려움의 근본 원인은 정신의 위기에서 출발하기 때문이다.

서원이 건립되기 시작한 16세기 중반은 거대한 정치·사회적 변화가 진행되던 시점이었다. 재야에 머물던 사람들은 향촌 사회의 지지와 학문적 정당성을 기반으로 점차 중앙 정계로 진출하기 시작하였다. 물론 기득권을 고수하려는 훈구파들과 격렬하게 대립하고 충돌하여 '사화'라는 정치적인 패배를 통해 '싹'이 꺾이기도 하였다. 그러나 사림들은 서서히 중앙 정계를 장악하기 시작하였고, 성리학적 세계관은 정치 이데올로기로서 사회 전체에 영향을 미치기 시작하였다. 어찌 보면 이때가 비로소 유교 국가로서 조선 사회의 성격이 명확해지기 시작한 시점이다. 이런 의미에서 서원 제도는 조선 사회의 가장 특징적인 제도였고, 서원 건축은 사림들의 성리학적인 정신 세계를 가장 잘 반영하고 있는 건축물이기도 하였다.

한국의 교육 기관은 고구려의 태학에서부터 시작된다. 고려 중기 이후 국가에서는 중앙에 성균관을, 지방에 향교를 세워 교육을 담당시켰

흥암서원 전경 교육 시설과 종교 시설이 결합된 서원 건축은 사림들의 성리학적인 정신 세계를 가장 잘 반영하고 있는 건축물이다.

다. 조선 초기에는 군현 단위의 모든 지방 행정 구역에 향교를 설치하여, '1읍 1교'의 원칙을 고수하였다. 향교는 지방 국립고등학교 정도에 해당한다. 그러나 15세기 말부터 향교의 교육적 기능은 쇠퇴하기 시작하였는데 관학이 갖는 관료주의와 무사안일주의의 병폐가 드러나기 시작한 것이다.

원래 향교에는 양반 상민을 가리지 않고 공평한 교육 기회를 부여하였다. 그러나 조선 사회가 전개되면서 반상의 구분은 더욱 뚜렷해졌고 격차도 심화되었다. 따라서 양반의 자제들 특히 사림들은 대중 교육의 성격이 짙은 관학을 외면하였고, 유명한 스승을 찾아 사숙하는 사교육이 일반 관행으로 자리잡았다. 능력 있고 걸출한 학자들에게는 개인적인 제자들이 몰려들었기 때문에 굳이 관학에 관여할 필요가 없었고, 점차 무자격자, 무능력자들이 향교의 교수직을 채우게 되었다. 따라서 관학 교육은 극히 형식적이 되고, 급격한 속도로 발전하는 성리학에 대한 교육 수요를 감당할 수 없게 되었다. 서원이 출현하기 시작한 16세기 중반에는 이미 전국 곳곳에 정사(精舍)와 서당, 서재라는 이름의 개인적인 교육 시설들이 성행하고 있었다.

양반층과 사림이 외면하는 관학에 대해 정부의 지원도 시들할 수밖에 없었다. 재정 지원의 격감과 정치적 위상의 약화가 다시 관학의 부실화를 초래하는 악순환을 거듭하던 때에, 사림들이 자발적으로 건립하는 서원이 등장하게 된다. 이 새로운 형태의 교육 기관은 급속하게 퍼지고 있는 성리학적인 사회 사상에도 부합하고, 모든 재정·행정적인 부담을 안아야 하는 관학과는 달리 민관 합동 형태로 부담을 반감할수 있는 장점이 있었다. 16세기 중반에는 정부 교육 행정의 방향이 관학 진흥에서 사학인 서원 장려책으로 바뀐 듯하다.

서원에 대한 정부의 지원은 이른바 '사액 서원(賜額書院)'의 형태로 나타났다. 주세붕에 이어 풍기군수로 부임한 이황은 백운동서원에 대해 공식적으로 국가가 후원해 줄 것을 요청하였다. 드디어 명종 5년 (1550) 나라에서는 '소수서원(紹修書院)'이라는 현판을 하사하였고 최초의 국가 공인 서원으로 승격시켰다. 사액 서원으로 승격되면 여러 가지 국가 혜택을 입게 된다. 우선 서원에 딸려 있는 토지에 대해서 면세 혜택이 주어지고, 소속 노비들은 모든 국가 부역에서 면제된다. 뿐만 아니라 초기에는 사액 서원에 대해 일정 규모의 토지와 노비를 국가에서 하사하거나 국가 기관에서 간행하는 서적을 배급해 주기도 하였다. 설립은 민간에서 하되, 후원은 국가에서 담당하는 새로운 제도가 만들어졌다.

성리학적 정신과 서원 건축

관념과 명목을 중시하였던 성리학자들은 우주의 생성부터 인간의 심성에 이르는 모든 과정에 대해 '과학적'이고 '논리적'인 설명을 시도한다. "태극(太極)이 음양(陰陽)을 낳고, 음양은 사상(四象)이 되며, 사상은 팔괘(八卦)가 된다. 선천(先天)과 후천(後天)의 팔괘가 결합하여 역(易)의 64괘를 이루니, 비로소 세상만물이 이루어진다"는 이진법적인 논리 전개는 동아시아적 사고의 핵심을 이루어 왔다.

이 기초적인 우주론은 많은 논쟁들을 야기한다. 절대자로서 신을 인정하지 않는 동아시아적인 전통에서 이러한 논리의 진화 과정을 이끌어가는 원동력은 무엇인가? 이(理)인가 기(氣)인가? 우주론적 전개와 부합하는 인간의 도리는 무엇인가? 어떻게 정치를 하는 것이, 어떻게 효도를 하는 것이 하늘의 뜻에 어긋남이 없는가?

이 모든 논쟁과 질문들은 주체로서의 인간을 중심으로 자연과 우주를 이해하려고 하였던 노력들이다. 우주와 인간, 자연과 인간의 메커니즘을 동일한 체계로 파악하려 하며, 인간의 이성과 관념으로 자연을 이해할 수 있고 설명할 수 있어야 한다. 서구 문명의 뿌리를 형성해 온 이원론적 인식과는 근본적으로 다르다.

도산서당에서 도산서원으로 연결되는 진입로 앞쪽의 도산서당 영역에서 뒤쪽의 서원으로 연결되는 진입로의 한쪽을 벽과 담의 수직면으로 구성하였고, 다른 한쪽은 수평적인 화단 으로 중첩시켜 자연스럽다.

도동서원 강당의 원장석에서 바라본 전경 강당의 원장석에 앉아 앞을 내다보면 안산을 향해 배열된 누각과 정문의 축선이 강렬하게 드러난다.

　이러한 천인합일(天人合一) 정신은 이론과 행동, 관념과 현실, 마음과 몸을 일치화하려는 특유의 형이상학으로 발전하였다. 인간 중심의 자연관은 서원의 입지나 구성에서도 잘 드러난다.

　서원 건축의 지리적인 입지 조건에서 가장 중요한 것은 서원 내에서 바라볼 수 있는 시각적 대상 곧 안대(案對)였다. 예를 들어 도동서원은 낙동강 건너 멀리 고령 땅의 산봉우리를 보기 위해 북향을 하고 있다. 북향을 하면 햇빛을 받아들이기도, 바람을 피하기도 매우 불리해진다. 그럼에도 불구하고 정해진 안대를 향해 구성축을 정하고 건물들을 배열한다. 그러면서도 중심은 원장이 앉아 있는 강당 건물이 된다. 강당의 왼쪽 곧 서쪽에 있는 재실을 '동재(東齋)'라 부른다. 원장이 바라보는 곳이 무조건 남쪽이 되는데, 자연 방위가 중요한 것이 아니라 원장으로 대표되는 주체로서의 인간을 중심으로 방위 체계를 재조직하기 때문이다.

서원의 외향적 경관 구조 역시 인간 중심의 자연관을 여실히 보여 주는 예이다. 외부에서 서원 건축의 형태를 감상하는 것보다 서원 안에서 보여지는 외부의 경관이 중요하게 된다. 건축적으로 말한다면 내향적 경관(off site view)보다는 중심에서 바라보는 외향적인 경관(on site view)이 중요하다. 자연은 인간의 관념으로 재조직할 때에만 의미를 갖기 때문이다. 다시 말해 서원 건축은 바깥에서 어떻게 보이는가가 중요한 것이 아니라 안에서 무엇이 보이는가가 중요하다.

엘리트의 종교, 소수를 위한 공간

유학 또는 유교는 근본적으로 학문 연수를 통해서만 접근할 수 있는 철학과 종교의 체계이며, 문자를 매개로 전달된다. 또한 스승과 제자 사이의 일 대 일 지도를 통해 학맥이 유지되는 교육 방법을 고수하였다. 소수의 엘리트들을 위한 소수의 종교요, 학문이었던 것이다. 일반 민중들은 통치의 대상이고 교화의 대상일 뿐, 유교적 질서의 과실을 향유하거나 학문의 즐거움을 나누는 동반자가 아니었다. 유교의 건축은 당연히 소수 엘리트들을 위한 장소요, 그들의 요구만을 충족시키기 위한 장치였다.

서원 건축이 이른바 인간적인 스케일로 구성된 까닭은 일차적으로 이용자들의 숫자가 적었기 때문이고, 이차적으로는 그들의 선민 의식을 표현하기 위함이다. 선택된 소수만이 사용하는 유교적 공간은 대중들에게는 폐쇄적인 동시에 내부의 거주자들에게는 모든 곳이 개방되는 양면성을 갖는다. 서원 건축에 공존하는 외부적 근엄함과 내부적 개방

병산서원 강당 서원의 마당은 철저하게 인위적인 건물들로 둘러싸인 인공적인 장소이다. 누각에서 본 강당 기단부의 커다랗게 뚫린 아궁이와 돌출된 계단이 주요한 형태 요소가 된다.

대둔사 대웅전 사찰의 대웅전에서는 뒤로 산이 배경을 이루어 건물과 자연이 일체화되고 있으나 서원에서는 주변 자연을 인지할 수 없도록 건물 위치를 정하고 거리를 조절한다.

성은 선택된 공간만이 취할 수 있는 성질들이다.

서원의 마당과 불교 사찰의 마당을 비교해 보면, 서원 공간의 인위성을 금방 느낄 수 있다. 불교 사찰의 대웅전 앞에 서면 주건물 뒤로 뒷산이 배경을 이루어 건물과 자연이 일체화된 형태를 구성하는 것을 볼 수 있다.

반면 서원의 강당 앞에서는 뒷산이 보이지 않는다. 같은 조건의 경사지에 입지하더라도 불교 사찰과는 달리 주변 자연을 인지할 수 없도록 건물들의 위치를 정하고 거리를 조절하기 때문이다. 따라서 서원의 마당은 철저하게 인위적인 건물들로 둘러싸인 인공적인 장소가 된다. 자연 속에 있되 자연을 격리시키고 오로지 학문과 수련만을 목적으로 하는 추상적인 공간이 된다.

절검 정신, 그릇으로서의 건축

성리학의 정신이 300여 년 동안 세상을 지배할 때 설립된 서원 건축은 최고의 엘리트이며 지배층인 사림들이 세우고 경영하던 곳이다. 당연히 고도의 재력과 정보와 기술이 동원된 최고의 건축이어야 하지만 서원의 규모는 그다지 크지 않고, 건물은 화려하지도 장식적이지도 않다. 그저 무표정한 채로 담담하고 소박한 건물들뿐이다.

당시 사회적인 위상이 최저였던 불가의 사찰들은 오히려 화려하고 장엄하다. 언뜻 이해하기 어려운 현상이다. 물론 서원의 난립과 비종교성으로 인해 충분한 모금이 어려웠을 수도 있다. 그러나 불교라고 쉬웠겠는가? 이것은 궁극적으로 성리학과 불교의 건축관 차이로밖에는 설명할 수 없다. 성리학자들의 물질관은 근본적으로 절검(節儉) 정신이었다. 건축물 역시 최소의 기능과 필요를 충족시키면 되는 수단일 뿐이었다. 건축물 자체를 신앙의 대상으로 삼았던 불교와는 상반되는 건축관이었다.

유교 문화는 문자를 매개로 창조되고 전파되며, 그 문자는 사실 기록의 기능보다는 관념 표현의 수단으로 존재한다. 특히 성리학자들은 유형적인 물질과 일상을 넘어서는, 무형적인 추상과 관념의 세계를 이상으로 삼았다. 불교시대에 가장 발달한 예술 분야가 건축을 포함한 조형예술이라면, 유교시대에는 문학 특히 서정 문학이 최고의 자리를 차지하게 된다.

문학적인 추상성과 관념성은 유교 문화 전반의 특성을 형성하기에 이른다. 음악은 의례를 위한 정악(正樂)이 정통을 이루며, 미술은 관념 세계를 묘사하는 문인화(文人畵)가 각광을 받는다. 속악(俗樂)과 풍속화의 예술성은 김홍도 등이 등장한 18세기 말에 와서야 인정받기에 이른다. 건축도 예외가 아니다. 유학자들에게 중요한 것은 건축으로 담을 수 있는 그 무엇이지, 건축물 자체가 아니었다. 그 무엇이란 자연일 수도 있고 도(道)일 수도 있다. 따라서 건축은 반외부화, 개방화된 일종의 틀로 작용하며 내부 공간은 무성격화, 투명화한다.

병산서원의 만대루는 투명한 공간과 구조물의 프레임화를 잘 보여 주는 예이다. 7칸의 기다란 만대루는 기둥과 지붕만 있을 뿐 텅 비어 있다. 어찌 보면 만대루는 전혀 쓸모가 없는 건물이다. 구체적인 기능을 내부에 담지 못하기 때문이다. 일반적인 누각과 정자와는 달리 만대루에 앉아서 보는 바깥 경치는 그다지 인상적이지 않다. 그러나 중심 건물인 강당의 대청에 앉아서 만대루를 바라보면 전혀 다른 모습이 나타난다. 만대루의 뼈대 사이로 앞의 낙동강이 흐르며 건너편의 병산이 마치 7폭 병풍과 같이 펼쳐진다. 만대루의 주된 효용은 이처럼 자연을 선택하고 재단하여 인간에게 의미를 전해 주는 그릇으로서 작용한다. 만대루 없는 병산서원은 상상할 수 없다.

유형학적 원형에 대한 향수

조선의 주세붕은 중국의 백록동서원을 원형으로 삼아 백운동서원을 창설하였고 이후 서원의 이상적 모델도 백록동서원이었다. 그러나 주세붕과 서원 운동의 후예들은 백록동서원을 본 적도 없고, 서원의 건축이 어떻게 이루어졌는지도 알지 못하였다. 그런데도 건축 규범의 단편들과 서원의 교육 방향 및 규칙들을 수록한 주자의 「백록동서원게시(揭示)」는 주세붕의 원전이 되어 「백운동서원규(規)」로 탈바꿈하였다. 한국 최초의 서원인 소수서원은 수백 년 전의 중국 사람인 주자가 마련한 규범을 좇아서 이름까지 돌림자로 정한 채 창건되었다.

주자를 위시한 중국의 성현들이 행한 행동 양식이 성리학의 정착 단계에서 조선조 지식인들의 원형이 되었듯이, 중국의 유교적 건축들은 구체적으로 모방되고 재해석되어 하나의 건축 유형으로 자리를 잡았다. 그것이 중국에 실제로 존재하였는가는 큰 문제가 아니었다. 어떤 경로를 통해서든 일단 정착된 건축 형식은 곧바로 절대적인 규범으로 여겨졌고 거부할 수 없는 원칙으로 작용하였다. 원형과 재현을 방법론으로 채택한 유교 건축에서 유형(type, typology)이 건축 생산의 강력한 도구가 된 것은 어쩌면 당연한 현상이었다.

서원과 유사한 기능의 향교는 이미 건축 유형이 정착되어 있었다. 후발 건축 형식인 서원 건축이 향교 건축의 유형을 좇아 전학후묘(前學後廟, 앞쪽에 강당 등 교육 부분을 두고 뒤쪽에 사당 등 제향 부분을 두는 배치법)와 좌우대칭의 유형을 채택한 것 역시 원형에 대한 존중이라 볼 수 있다.

서원 건축의 유형은 선택 가능한 범례가 아니라 꼭 준수해야 할 규범으로 작용한다. 이러한 집착과 원형에 대한 향수는 유교 건축물들을 획일적이고 보수적으로 만든 원인이 되기도 한다. 사유 재산이어서 비교적 변화가 자유로웠던 서원 건축마저도 몇몇 창조적인 예들을 제외하고는 천편일률이 된 이유도 여기에 있다. 특히 서원의 전성기였던 17세기 곧 예학의 시대에 유형이 보수적 질서를 유지하는 거대한 건축의 예(禮)로 인식되었던 시대적 한계도 있었다.

경과 성의 공간

조선 성리학의 양대 주류라 할 수 있는 퇴계의 영남학파와 율곡의 기호학파는 지역과 인맥의 차이보다는 학문적인 이데올로기가 서로 비교되었던 학파라고 볼 수 있다. 퇴계파가 사물의 본성을 인식하며 진리를

금오서원 강당의 앞마당 강학 부분의 공간은 마당을 향해 모두 개방되어 있다. 강당의 넓은 대청마루와 동서재의 툇마루들은 마당을 향하여 열려져 있고, 마치 건물들에 압축력을 가하여 긴장감을 짜내는 듯하다.

깨닫고자 한 관념론적인 근본주의에 가깝다면, 율곡파는 인간의 심성을 수련하고 일상 속에 진리를 구현하려고 한 현실론적인 실천주의에 가깝다. 심성 교육의 방법론도 약간은 달랐다. 퇴계파는 인간의 본성을 드러내는 '경(敬)'을 최고의 이상으로 삼았고, 율곡파는 수양의 방법론인 '성(誠)'을 지고의 가치로 삼았다.

'경'이란 항상 깨어 있으며 사물의 본성을 받아들일 준비가 되어 있는 상태를 말한다. "경은 인간의 내부에 올곧게 자리한다[敬以直內]." 따라서 서원의 공간은 정숙하고 경건하게 유지되어야 하며 일체의 소란이나 일상적인 행위는 가급적 금지된다. 순수하고 청정한 학문의 분위기만 흐르는 공간이 바로 경의 공간이다.

'성'이란 구체적인 인격과 학문 수양의 방법론이다. "성은 그릇됨을 생각하지 않고, 그릇되게 행하지 않는다〔誠以思無邪行無邪〕." 성에 대한 가치는 곧바로 구체적인 행위 강령인 예론으로 연결되지만, 현실론적인 성향을 가진 율곡파의 공간 개념은 오히려 융통성이 있다. 지형과 형편에 맞추어 다양한 변형이 허용되기도 한다. 그러나 초기의 현실론적인 정신이 소멸된 복원 정비기의 서원들은 다분히 형식적인 함정에 빠져 버렸다.

'경'과 '성'은 어찌 보면 교육의 양면이다. 하나가 본질에 대한 목표라면 하나는 구체적인 교육 방법이 된다. 서원의 공간은 항상 긴장과 각성을 유도한다. 동재와 서재는 서로 마주보면서 유생 서로간의 격려와 감독을 통한 긴장을 유지시킨다. 원장실 또는 강당에서는 동서재에서 행해지는 거의 모든 행위를 바라볼 수 있고 지휘 감독한다. 자발적인 또 타율적인 감독이 가능하도록 강학 부분의 공간은 마당을 향해 모두 개방되어 있다. 강당의 넓은 대청마루와 동서재의 툇마루들은 마당을 향하여 열려져 있고, 마치 건물들에 압축력을 가하여 긴장감을 짜내는 듯하다.

그러나 유생들이라 하여 항상 긴장할 수만은 없는 노릇이다. 일정한 휴식과 해소도 필요하다. 따라서 긴장감으로 팽팽한 공간은 이를 보완할 장치가 필요한데 그 역할은 전면의 누각이 맡는다. 강당 앞의 마당을 기준으로 본다면, 삼면에서 압축되어 오는 긴장감을 앞의 누각에서 해소하고 이완시킨다. 강과 약, 양과 음, 긴장과 이완이 공존하는 공간적 개념이 유지된다.

서원 건축의 입지와 배치 형식

여러 가지 목적을 고려할 때, 서원이 자리잡을 가장 이상적인 장소는 어디였을까? 교육과 연구를 위해서는 번화한 곳에서 격리된 한적한 곳이어야 하지만 사림들의 정치적 기지가 되기 위해서는 향촌 사회와 가까운 곳이어야 한다. 또 사립기관이라는 특성상 지방 행정부가 있는 읍내나 도시에서는 멀리 떨어진 곳에 있어야 하였다. 읍내에 있거나 읍에 근접하여 위치하는 향교와는 대조적인 현상이었다. 가급적 지방 수령의 간섭을 피하고, 관학인 향교와도 거리를 두어야 하기 때문이다. 이러한 이유 때문에 유명 서원의 대부분은 인적이 드물고 경치가 뛰어난 곳에 위치하게 된다. 백운동서원에 대한 사액을 요청하는 글인 「상심방백서(上沈方伯書)」에서 퇴계는 이렇게 서원의 입지를 설명하고 있다.

은거하여 뜻을 구하는 선비와 도학을 강명하고 업을 익히는 무리는 흔히 세상에서 시끄럽게 다투는 것을 싫어합니다. 많은 책을 싸 짊어지고 한적한 들과 고요한 물가로 도피하여 선왕의 도를 노래하고, 고요한 중에 천하의 의리를 두루 살펴서 그 덕을 쌓고 인을 익혀 이것으로 낙을 삼습니다. 그 때문에 서원에 나아가기를 즐기는 것입니다. 국학이나 향교는 중앙 또는 지

도산서원도 부분 서원이 자리잡을 이상적인 장소는 교육과 연구를 위해 번화한 곳에서 격리된 한적한 곳이어야 한다. 강세황, 1751년, 국립중앙박물관 소장.

방의 도시 성곽 안에 있으며 학령에 구애됨이 많습니다. 한편으로 번화한 환경에 유혹되어 뜻을 바꾸게 하여 정신을 빼앗기는 것과 비교해 본다면 어찌 그 공효를 서원에 비할 수 있겠습니까.

조용하고 자유로운 분위기 속에서 마음껏 학문을 연마하고 인격을 도야할 이상에 가득한 입지관이었다. 또한 과거 급제나 세속적 출세를 멀리하고 순수한 학문 연구에 몰두하려는 초기 서원 교육의 건강한 이상도 엿볼 수 있는 글이다.

실제로 초창기 서원에는 과거에 입격한 자만이 입학할 수 있었다. 미급제자가 입학하게 되면 서원이 고시 준비 학원으로 전락할 위험성이 크기 때문이었다.

서원의 입지

단순히 경치만 좋다고 서원의 입지에 적합한 곳은 아니다. 서원 성립의 제일 요건은 특정 선현을 봉향하는 것이고, 봉향된 선현과 연고가 있는 곳에 입지해야만 서원의 정통성을 얻을 수 있기 때문이다. 따라서 봉향자의 출생지나 거주지, 아니면 유배지였거나 묘소가 있는 곳 등 어떤 형태로든 인연이 있어야 한다.

백운동서원 곧 소수서원은 안향의 고향이고, 심곡서원은 조광조의 묘소가 있는 곳이며, 옥산서원은 회재 이언적(晦齋 李彦迪)의 은거지에, 순천의 옥천서원은 한훤당 김굉필(寒暄堂 金宏弼)의 유배지에, 홍암서원은 동춘당 송준길(同春堂 宋浚吉)이 상주목사를 지낸 곳에 세워졌다.

봉향자들이 생전에 손수 정사나 서당을 만들어 후학을 양성하던 곳을 계승하여 사후에 서원으로 확대 중창된 곳도 많다. 봉향자와의 연고가 가장 확실한 이런 서원들 가운데 명문 서원들이 많이 포함되어 있다. 도산서원의 전신은 이황의 도산서당이고, 병산서원은 서애 류성룡(西厓 柳成龍)의 풍악서당이 전신이었다. 이 밖에도 돈암서원, 노강서원, 필암서원, 덕천서원 등은 사계 김장생(沙溪 金長生), 팔송 윤황(八松 尹煌),

필암서원 풍수형국도 서원은 강이나 내를 앞으로 면하고 나머지 삼면이 산으로 둘러싸인 아늑한 장소에 입지한다. 출전『필암서원지』.

김인후(金麟厚), 조식(趙植) 등 당대의 큰 성리학자들이 서당을 세워 강학을 하던 곳에 세워진 명문 서원이었다.

여러 가지 형태의 연고가 있는 지역 가운데 가장 경관이 뛰어나고 지리적 이점을 가진 땅을 골라 서원을 세웠다. 대개의 서원은 흐르는 강이나 내를 앞으로 면하고 나머지 삼면이 산으로 둘러싸인 아늑한 장소에 입지한다. 특히 앞쪽으로 면하는 경치는 뛰어난 절승의 경관이 많아 최고의 휴양처가 되기도 한다.

서원의 교육이란 스승의 지도 아래 밤낮을 정해진 규율에 맞추어야 하는 매우 엄격한 체제였다. 유생들은 항상 긴장 속에서 생활해야 하는데, 그런 긴장을 때때로 풀어 주고 새로운 활력을 부여해 주는 것은 서원을 둘러싼 자연의 빼어난 자태였을 것이다. 좋은 자연 환경은 인간의 심성을 맑게 해주고, 영기에 충만한 산세의 기운은 인재를 배출할 것으로 믿었다. 자연과 인간, 환경과 심성이 하나로 통합되는 이른바 '천인합일'의 사상은 성리학의 기본 신념이기도 하였다. 훌륭한 서원의 입지는 하늘과 인간이 하나가 되는, 바로 그런 장소였다.

서원 건축의 배치 구성

주자의 예와 백록동서원을 이상형으로 삼아 태동한 한국의 서원 건축은 하나의 전형적인 형식을 갖추기 시작하였다. 강당을 중심으로 한 강학 공간과 사당을 중심으로 한 제향 공간이 결합한 기능적인 형식을 기본으로, 강학 공간을 앞에 놓고 제향 공간을 뒤에 놓는 건축 형식이 성립되었다. 하나의 중심축선을 설정하고 그 위에 주요 건물인 강당과 사당을 앞뒤로 일렬로 놓고 좌우에 부속 건물들을 대칭으로 배열하는 건축 '유형'이 일반화되었다. 물론 서원에 따라 약간의 변형은 있지만 이러한 건축 형식은 전국 대부분의 서원에 적용되었다.

　서원 건축의 이러한 유형은 관학인 향교 건축과도 유사한 것이었다. 향교 역시 중심축선상에 명륜당과 대성전을 일렬로 배열하고 좌우 대칭으로 부속 건물들을 놓는 형식이 존재하였다. 향교의 경우, 명륜당은 강학 공간의 중심이고 대성전은 제향 공간의 중심이다. 그러므로 형식적인 면에서 서원과 향교는 거의 동일한 기능과 건축 형식을 갖는다. 새로 등장한 서원 제도가 그 이상적인 건축 형식으로 중국 송대의 서원

무성서원 강당에서 본 사당　서원은 대개 앞쪽에 강당을 중심으로 한 강학 공간을, 뒤쪽에 사당을 중심으로 한 제향 공간을 배열한 건축 형식이다.

건축을 염두에 두었지만 현실적인 재료와 공법 기술 수준으로 인해 기존의 교육 시설인 향교 건축의 형식을 받아들였던 것으로 볼 수 있다.

어떤 과정을 겪었든 형식적이고 규범적인 성리학의 특성상 한 번 고착된 건축 형식은 강력한 전형과 제도로서 작용하게 되었다. 그러나 서원의 건축 유형이 아직 정착되지 않았던 초기의 서원들은 비교적 다양한 모습을 보여 준다. 예를 들어 최초의 서원인 소수서원에는 중심축이라든가 좌우 대칭의 개념은 존재하지 않았고, 필요에 따라 임의로 건물을 배치하여 무질서하게까지 보인다. 또 도산서원과 병산서원은 사당과 강당이 일렬로 배치되지 않고 강당 뒤 동쪽으로 치우쳐 앉아 비대칭적으로 구성되기도 하였다.

19세기 이전에 조성된 현존 서원들은 건축적인 유형을 따르면서도 비교적 변화 있고 다양하게 구성된 반면, 19세기 이후 특히 20세기에

도동서원 전경 오른쪽부터 누각, 정문, 강당, 사당(소나무에 가려진 부분)이 일직선상에 배치되고 강당 좌우로 동재와 서재가 대칭으로 놓여 있다.

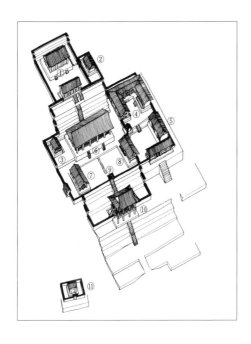

도동서원 구성도

① 사당
② 증반소
③ 장판각
④ 전사청
⑤ 곳간
⑥ 중정당
⑦ 거의재
⑧ 거인재
⑨ 환주문
⑩ 수월루
⑪ 비각

복원된 서원들은 거의 예외 없이 획일적으로 건축적인 규범을 따르고 있어서 변화를 찾아보기 어렵다.

서원의 건축 유형을 '전학후묘' 형식이라 부르기도 한다. 앞쪽에 강당을 중심으로 한 강학 공간을, 그 뒤에 사당을 중심으로 한 제향 공간을 배열한 건축 형식을 일컫는다. 약간의 변형은 물론 있지만 거의 모든 서원은 이 유형적 규범을 충실히 따르고 있다.

반면 향교 건축은 전학후묘형뿐만 아니라 전묘후학(前廟後學), 좌학우묘(左學右廟) 또는 좌묘우학(左廟右學) 등 다양한 형식들이 병존하였다. 전묘후학이란 전학후묘와는 반대로 앞에 대성전을 두고 뒤에 명륜당을 두는 형식으로 경주향교나 나주향교 등 대규모 향교에 채택되었다. 반면 대성전과 명륜당이 좌우로 나란히 놓이는 좌묘우학이나 좌학우묘 형식은 대지의 생김새나 지형 조건에 따라 나타나는 변형이며 도심 속에 위치한 많은 향교들이 이러한 형식을 따르고 있다.

전학후묘의 형식 안에도 서로 다른 두 가지 배치 유형이 존재한다. 대개의 서원은 동서재가 강당 앞에 놓이는 전재후당형(前齋後堂型)을 따르지만, 전당후재(前堂後齋)라 하여 동서 양재가 강당의 뒤에 놓이는 경우도 있다. 필암서원, 덕봉서원, 홍암서원 등이 대표적이다. 전당후재형의 경우, 강당의 정면은 앞이 아니라 동서재가 놓이는 뒤가 된다. 강당과 동서재로 이루어진 뒤쪽 마당의 나머지 한 면에는 사당이 놓인다. 이러한 유형에는 사당이 가장 중요한 위치를 차지하게 된다.

왜 전재후당형과 전당후재형으로 달라지게 되었는지 이유는 알 수 없다. 일각에서는 전당후재형이 전라도와 충청도의 지역형이라는 주장도 있다. 이 지방의 향교 건축들이 전당후재형의 유형을 채택하고 있기 때문이다. 그러나 경기도의 덕봉서원이나 경상도의 홍암서원의 예는 지역성으로만 설명할 수 없다. 지금은 거의 사라졌지만, 두 서원뿐 아니라 경상도의 많은 서원들도 전당후재형을 따랐을 것이다.

또 다른 측면으로는 주리파와 주기파의 학파적인 차이로 설명하기도 한다. 퇴계 계열의 영남학파 곧 주리파(主理派)에 속하는 서원은 전재후당형을, 율곡의 기호학파 곧 주기파(主氣派)는 전당후재형을 선호하였다는 학설이다. 그러나 아직은 그 예들이 많지 않고 예외도 존재하며, '주리학설─전재후당형'의 관계와 '주기학설─전당후재형' 사이의 이론적인 건축 관계를 규명하지 못하기 때문에 단지 현상적인 추론에 머물고 있다.

서원의 기능과 건물

교육 시설로서의 서원

학문을 연구하고 가르침을 받는 학교로서의 서원을 이해하려면 먼저 서원의 규모와 조직, 학생의 수준과 교육 내용 등 이른바 '학사 제도 (academic institution)'를 살펴보아야 한다. 대중 교육과 제도화된 공식 교육을 우선으로 하는 현대 사회의 교육과는 제도적·내용적 측면에서 많은 차이가 있기 때문이다.

우선 선생과 학생의 관계가 달랐다. 교육의 방법이 지금과 같이 일방 적인 강의 위주가 아니었기 때문이다. 유생들은 각자의 능력에 따라 공 부할 진도가 정해지고, 자습과 독서를 통해 뜻을 새기며 스스로 실력을 쌓아 간다. 보름에 한 번 정도 열리는 '강회(講會)' 때가 되면 모든 학 생들은 강당의 대청에 올라 정연히 앉는다. 여러 명의 교수진 앞에 한 사람씩 불려 나와 그동안 공부한 내용을 보고하고 문답을 통해 학습의 정확성을 검증받는다. 이것이 '강(講)'이다. 여기서 합격하면 다음 진 도가 부여되지만, 불합격하면 여지 없이 낙제여서 다음 강회 때 같은 내용에 대해 시험을 치르게 된다. 철저하게 능력별 진급과 졸업 제도가 적용되기 때문에 수업 연한이 별도로 정해지지 않았다. 짧게는 2년, 길게는 10여 년에 걸쳐 졸업하는 일도 다반사였다.

항시 수업이 있는 것이 아니므로 모든 교수진이 상주할 필요가 없었다. 교육을 총괄하는 원장과 행정을 총괄하는 유사만이 상주하는 것이 일반적이며, 여타의 교수진은 강회 때와 개인 사정에 따라 출강하였던 것으로 보인다. 따라서 강당 안에는 원장실이 독방으로 구비되며, 대청 반대편에 교무실이 마련되어 여러 교수진들이 이용할 수 있었다. 일반적으로 교수진을 겸하는 서원 운영진은 다음과 같이 구성된다.

서원 운영진

직 함	역 할	현재 대학 직제
원장(院長)	서원의 대표자	대학 학장
원이(院貳)	부원장	부학장
강장(講長)	경학 예절에 대한 강문 담당	교무처장 또는 교수부장
훈장(訓長)	유생들의 훈도와 후생 담당	학생처장
재장(齋長)	기숙사(동서재)의 사감	
집강(執綱)	서원의 풍기 단속자	규율부장
유사(有司)	총무의 역할. 여러 유사를 총괄하는 도유사와 부유사로 구성	
직월(直月)	당회, 강회의 서기	
직일(直日)	직월을 보좌	
장의(掌議)	당회(평의회)의 총괄자	교수협의회장
색장(色掌)	재정과 행정을 감독	감사

강당, 당과 재의 복합 건물

강회가 있을 때는 학생들이 강당에 오를 수 있지만, 평상시에는 학생 접근이 제한되는 교수진 전용의 건물이다. 강당은 보통 가운데 대청을 두고 좌우에 온돌을 들인다. 대청은 강회 공간으로 사용되기 때문에 2

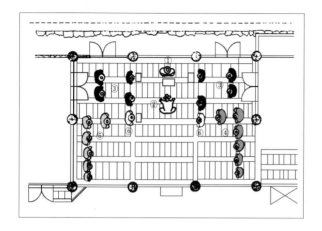

① 원장
② 강생
③ 교수진
④ 동재 학생
⑤ 서재 학생
⑥ 서기

내지 3칸의 넓이를 갖는다. 좌우 1칸씩의 방은 원장실과 교무실로 이용된다. 따라서 보통 5칸 규모로 건축되지만, 도산서원 강당인 전교당은 4칸으로 원장실이 별도로 마련되지 않았다. 또 남계서원은 대청이 2칸으로 총 4칸이며, 심곡서원은 온돌방 없이 마루만 3칸인 예외적인 형식이다.

서원에서 가장 중심이 되는 건물이기 때문에 대청 앞에는 그 서원의 현판이 걸린다. 대청의 안쪽에는 ○○당(堂), 좌우 온돌에는 ○○재(齋)의 장소명이 붙는다. 병산서원 강당의 대청은 입교당, 좌우 온돌은 명성재와 경의재다. '교육을 세운다(立敎)'든가, 명(明)·성(誠)·경(敬)·의(義) 등 성리학적 가치와 명분들로 가득한 명칭들이다. 서악서원 강당의 시습당(時習堂)과 성경재(誠敬齋), 진수재(進修齋)를 비롯하여 대다수 서원 강당의 명칭들 역시 학문 연마와 인격 수련에 관한 성리학적 의미들이 주류를 이룬다. 강당 건물은 서원을 대표하며 규모도 가장 큰 건물이다. 따라서 주로 팔작지붕의 외관을 가지며, 굵고 둥그런 기둥을 사용하는 등 구조도 견실하다.

재실, 동재와 서재

　강당의 앞이나 뒤쪽 좌우로는 유생들의 기숙사에 해당하는 2개의 재실을 놓는다. 강당에서 볼 때 왼쪽 것을 동재(東齋), 오른쪽 것을 서재(西齋)라 칭한다. 강당과 동서 양재는 서로 직각으로 놓여 강당 마당을 형성하게 되어 서원의 가장 중요한 장소가 된다.

　각 건물은 대청을 사이에 두고 양쪽에 온돌방이 놓이는 구성이며 최소 3칸부터 5칸까지 규모는 다양하다. 근래에 만들어진 재실들은 마루없이 모두 온돌을 들인 경우도 많다. 다양한 규모와 형태에도 불구하고 우선 강당보다는 작고 부속적이어야 한다는 원칙은 존재하고 있었다. 마치 '공자가 제자들을 거느리듯' 강당이 높고 커야 하며 양재는 강당에 딸린 제자와 같이 낮고 작아야 했다. 성리학적인 위계질서가 건축 구성에도 그대로 적용되기 때문이다.

남계서원 강당과 재실 강당은 강회의 공간으로 사용되며 평상시에는 학생 접근이 제한되는 교수진 전용의 건물이다. 강당 좌우로는 유생들의 기숙사에 해당하는 2개의 재실을 놓는다.

동서재는 서로 대칭 구조를 따르기 때문에 보통 동재는 서향을 하게 되어 일조(日照)에 불리하다. 서재는 반대로 동향을 하게 된다. 그럼에도 불구하고 동재가 서재보다 위계적으로 우선한다. 서민과 양반의 자제가 함께 교육을 받는 향교의 경우에 양반 자제들은 동재를, 서민 자제들은 서재를 사용하였다. 모두 양반의 자제들만 입학할 수 있었던 서원에서는 상급생들이 동재를, 하급생들이 서재를 사용하게 된다. 한국의 방위 개념은 항상 왼쪽이 오른쪽보다 우선하였고, 자연히 동쪽이 서쪽보다 높은 위계가 된다. 좌의정이 우의정보다 선임인 전통도 마찬가지였다.

서원의 학생수는 일정치 않았다. 보통 20명 내외를 기준으로 할 수 있지만, 서원의 인기가 절정에 달하였던 18세기에는 100명을 넘는 곳도 다수 있었다. 청년층의 남자 대부분이 서원의 학생으로 등록되었을 정도였다. 따라서 나라에서는 사액 서원은 20명, 비사액 서원은 15명으로 학생 정원을 제한한 적도 있었다.

그러나 이 명령은 지켜지지 않았다. 병산서원의 입학생 명부인 「입원록(入院錄)」을 조사해 보면 많게는 98명에 이른 해도 있었다. 동서 양재의 온돌방이라야 모두 4개, 6칸에 불과하였다. 아주 조밀하게 기거한다고 해도 한 칸에 5명 이상이 잠자기는 불가능한 크기이다. 그나마 동재의 1칸 머릿방은 재유사(齋有司)라는 학생회장이 혼자 쓰는 독방이고, 서재의 머릿방은 책방으로 이용되었다. 물리적인 계산에 의하면 최대 수용 인원은 20명이 안 된다. 나머지 학생들은 어디에서 생활하였을까?

우선 대부분의 유생들은 등록만 하고 서원에 나오지 않았을 가능성이 크다. 서원에 등록하면 일단 소속감이 생기고, 나라의 사역에서 면제되는 혜택을 누릴 수 있기 때문이다. 재정적인 여유만 있다면 평생 학생의 신분을 갖는 것도 매우 즐거운 일이었을 것이다. 만약 그 많은 인원이 모두 정상적인 학생이었다면 서원 바깥 마을의 민가나 별도의 기숙사에서 하숙을 하는 수밖에 없었을 것이다. 18세기 서원에서는 가까운 마을에 기거하는 유생의 경우에 한하여 통학을 허용하였다는 기록도 발견된다.

누각, 휴양 장소

공동 기숙 생활을 원칙으로 하며 성리학적 예법을 준수해야 하는 서원 생활이란 매우 긴장된 생활이었다. 아침 저녁으로 원장에게 문안을 드려야 하며, 상하급생간이나 동기간에도 예를 갖추며 의관을 정제해야 하는 엄격한 수련이었다. 따라서 어디선가 긴장을 풀고 휴식을 취할 수 있는 공간이 필요하게 된다.

이 용도를 위하여 마련된 것이 강당의 전면에 놓이는 누각이다. 보통

창절서원 문루 누각은 학생들이 긴장을 풀고 휴식을 취할 수 있는 역할을 한다. 때때로 누각 위에서 시회를 열어 서원 구성원들의 풍류를 겨루기도 하였다.

서원은 경치가 좋은 곳에 놓이게 되며, 이 경승을 감상할 수 있는 곳도 누각이다. 누각 위에서는 때때로 시회(詩會)를 열어 서원 구성원들의 풍류를 겨루기도 하였다. 또 서원에 내왕하는 손님들을 맞는 장소이기도 하였다. 지금의 대학으로 말한다면 학생회관에 해당하는 건물이다.

병산서원에는 누각과 관련하여 재미있는 기록이 있다. 「서원규」에 의하면 서원에 들어올 수 없는 세 가지가 있는데 첫째는 술, 둘째는 여자, 셋째는 남사당과 같은 광대패들이다. 그런데 서원의 학생이 과거에 급제하게 되면 광대패들을 초대하여 잔치를 벌이는 관습이 있었다. 서원 안에 들어올 수 없는 광대패들은 누각인 만대루 앞에서 연희를 벌이게 되고, 서원생들은 만대루 위에 앉아서 관람을 하게 된다. 이럴 때는 누각이 일종의 고급 객석으로 사용된다. 또 누각에서는 인근 지역의 원로들을 초청하여 '양로회'를 개최하거나, 향약 조직의 '향회' 등 갖은 연회가 베풀어지기도 하였다. 물론 술과 풍류를 겸비한 연회였다. 이럴 때 역시 누각은 서원 안에 속해 있되 술과 가무가 허용되는 특별 구역이 된다. 2층에 떠 있는 누각의 공간적 위치가 서원과 외부의 경계에 해당한다. 경우에 따라 서원의 안이 될 수도, 밖이 될 수도 있는 중간적인 공간 성격을 잘 활용한 예이다.

누각은 보통 3칸 규모지만, 병산서원이나 옥산서원은 7칸까지도 확장된다. 또 옥산서원과 옥동서원 등은 2층 누각에 온돌방을 들여 겨울에도 기거할 수 있는 공간을 마련하였다. 누각이 없는 서원도 많았다. 이런 서원은 강당 대청을 넓게 하여 누각의 연회 기능을 담기도 하였고, 소수서원처럼 서원 바깥의 경치 좋은 곳에 정자를 만들어 대신하기도 하였다.

장판각과 장서각, 출판실과 도서실

학문 도야에 필수적인 것은 서적이며, 서적을 보관할 수 있는 시설

역시 교육 기관의 필수 기능이다. 특히 인쇄와 출판이 자유롭지 않았고 서적의 판매 유통망이 없었던 과거에는 더 더욱 귀한 것이 책이었다. 명문 서원은 다름 아닌 좋은 장서를 많이 보유하고 있는 서원이었고, 더 나아가 자체적으로 판본을 가지고 인쇄하여 다른 서원에 공급하던 곳이다. 자체적으로 출판이 가능하였던 서원은 기껏해야 74곳으로 전성기 전체 서원의 10퍼센트 내외에 불과하였다. 그만큼 장서와 목판본은 서원의 자랑이요 가장 귀한 보물이었다.

서적을 보관하는 장서각(藏書閣)과 목판을 보관하는 장판각(藏板閣)은 서원에 따라 다양한 이름이 붙기도 하지만 기능은 매한가지고 건물의 형식도 유사하다. 장서나 장판 모두 가장 위험한 것은 습기와 불기

도산서원 장판각 목판본이나 서책류가 습기에 노출되면 쉽게 상하기 때문에, 장판각이나 장서각 건물들은 흔히 판벽의 나무집으로 만들어진다. 사방을 둘러싼 나무판들이 내부의 습도를 어느 정도 조절할 수 있기 때문이다.

옥산서원 경각 학문 도야에 필수적인 것은 서적이며, 서적을 보관할 수 있는 시설 역시 교육 기관의 필수 기능이다.

다. 습기는 종이와 목판을 상하게 하므로 바닥을 지면에서 띄운 마룻바닥이어야 하고, 통풍이 잘 되도록 벽면에 살창을 다는 것이 효과적이다. 장서각과 장판각의 벽체는 대부분 나무판을 붙인 판자벽(板子壁)인데, 흙벽에 비해 통풍의 효과도 높고 판자벽 자체가 습기를 흡수하는 기능이 있다.

방화를 위해서는 장판각과 장서각의 위치가 중요하다. 목조 건물의 경우 다른 건물에서 불이 났을 때 인근 건물에도 옮겨 붙을 위험이 높다. 불씨가 직접 옮겨 붙지 않더라도 공기가 뜨거워져 발화점 이상으로 온도가 올라가면 건물 자체에서 발화되는 현상이 나타나기 때문이다. 따라서 장서각이나 장판각은 주요 건물들에서 어느 정도 떨어져 구석진 곳에 자리잡는다. 자주 사용하는 강당이나 동서재에서 화재가 나더라도 책과 목판은 타지 않아야 하기 때문이다. 또 장서각은 원장실에서 잘 감시할 수 있도록 시야가 닿는 원장실 뒤편에 위치하기도 한다. 교수진의 허락이 있어야만 볼 수 있을 정도로 귀한 책의 도난이나 분실을 감시해야 하기 때문이다.

종교 시설로서의 서원

서원의 2대 기능 가운데 종교적 기능은 후대로 갈수록 더욱 중요해졌다. 교육학계의 연구에 의하면, 18세기 후반에서 19세기에 서원은 점차 교육적 기능을 잃어가고 대신 서당이 고등 교육의 연구를 담당하였다고 한다. 건축에서도 이런 현상이 나타난다. 특히 19세기 말에서 20세기에 복원된 서원들은 오로지 제향 기능만을 위하여 중건되었고, 배치 구성이나 건물 형식에서 사당 건물이 중심이 된다.

물론 서원의 발생기부터 제향 기능은 중요한 성격이었다. 많은 서원은 그 이전에 있었던 사묘 시설에 교육 시설이 덧붙어 창건되었다. 예컨대 정읍의 무성서원은 최치원(崔致遠)의 생사당(生祠堂, 살아 있는 인물을 모신 사당)인 태산사가 모태가 되어 설립된 곳이다. 창절·필암·소수·옥산·옥동서원도 모두 사당이 먼저 생기고 나중에 서원으로 확대 개편된 곳이다. 대원군의 서원 훼철기(毁撤期, 강제 철거 때)에도 대다수는 사당의 위패를 땅속에 묻어 두어 훗날을 기약하기도 하였고, 사당만 통째로 다른 곳에 옮겨 화를 면하게 할 정도였다. 건축적 측면에서도 제향 공간은 강학 공간보다 격이 훨씬 높았다. 면적은 비록 교육 부분이 크지만 사당 건물이 가장 높은 위치에 놓이고 고급의 기법을 사용하였다. 교육 기능이 사라진 후기의 서원들은 제향 때 필요한 임시 숙소의 용도로 강당과 양재를 건축할 정도였다.

종교적 의례는 분향(焚香)과 향사(享祀)로 대별된다. 분향이란 제사음식인 제수(祭需)를 올리지 않고 향만 사르는 간략한 제사로 매월 초하루와 보름에 행한다. 이를 향알(香謁)이라고도 하고, 특히 정월 초에 행하는 것을 정알(正謁)이라 한다. 분향에 참여하는 인원은 원장과 유사, 봉로, 봉작 등 비교적 소수이며, 사당에 올라가 향을 사르고 신위를 살피는 정도로 마친다.

반면 봄과 가을에 행하는 향사는 일년 중 가장 중요하고 큰 서원의 의례이다. 이때는 서원의 구성원뿐만 아니라 지역 사회의 유지들이 참여하며, 향사의 임원으로 선발되는 것을 일생의 명예로 삼을 정도이다. 유명 서원의 경우 춘추 향사에 참여하는 인원은 80여 명, 많게는 200여 명까지 이른다. 이때는 별도의 제수를 마련하며 제수의 감별과 이동이 향사 의례의 중요한 부분이 된다. 따라서 제수의 밑상을 차리는 고직사(서원 노비들의 거주처)와 제수를 차리는 전사청 그리고 최종적으로 제사를 치르는 사당을 잇는 동선은 향사 의례에 맞추어 구성된다.

사당, 최고의 위계

사당은 서원의 가장 뒤편, 그리고 가장 높은 곳에 위치하는 것이 상례인데 사당 공간의 성격과 위계상 합당한 위치이다. 사당에는 주로 'ㅇㅇ사(祠)'라는 명칭이 붙지만, 옥산서원의 '체인묘'나 화양서원의 '만동묘'와 같이 묘(廟)의 명칭이 붙기도 한다. 둘 다 선현의 신위를 모시는 집이라는 의미는 동일하다. 사당은 죽은 자들의 성전이기 때문에 내부를 어둡게 유지한다. 정면에만 출입문을 달고 나머지 세 면은 두터운 벽을 쌓은 이른바 감실형(龕室型)의 건물을 만든다. 향교의 대성전과 같이 큰 사당에는 좌우 벽에 은은한 채광을 위한 교창(交窓)을 두기도 하지만 규모가 작은 서원의 사당에는 창을 두지 않는다.

서원의 사당에는 보통 한 명의 주인공을 봉안한다. 이를 주향(主享)

무성서원의 사당과 내부 위패 뒤
벽에 설치된 살문을 열면 최치원
의 영정이 걸려 있다. 영정은 보
통 '영당'이라는 별도의 건물에
모시지만 여기서는 위패와 함께
사당에 모셔졌다.

이라 하며 그 밖에 2 내지 4명의 신위를 같이 봉안하기도 한다. 주향자를 제외하면 모두 배향(配享)이라 하고 주향과 배향에도 일정한 원칙에 따라 위치가 정해진다. 주향은 사당의 가운데에 모시고, 배향자들은 주향에 거리가 가까울수록, 그리고 좌측이 우측보다 상위가 된다.

퇴계의 신위를 봉안하였던 안동 여강서원에는 한때 학봉 김성일(鶴峰 金誠一)과 서애 류성룡(西厓 柳成龍)의 신위를 배향한 적이 있다. 학봉이나 서애는 모두 퇴계의 수제자였다. 그 제자들이 양대 문벌을 형성하며 서로의 정통성을 주장하던 시절에 두 파는 누구의 위패를 선위인 동쪽에 모시는가를 가지고 대립하게 된다. 나이로 보면 학봉이 서애보다 네 살 위이지만, 벼슬로 보면 서애는 영의정을 지냈던 반면 학봉은 경상도관찰사에 불과하였기 때문이다. 일단 서애파의 주장이 우세하여 동쪽을 선점하기는 하였지만, 이 문제는 그 유명한 '병호시비(屏虎是非)'의 발단이 되어 300여 년을 갈등하게 된다.

배향자들은 주향자의 유명 후손이나 학맥을 이은 제자, 또는 연고를 가진 인물들이 대부분이다. 그 서원이 가문 중심 또는 학맥 중심으로 운영되었을 경우이다. 반면 지역 사회의 거점으로 서원이 운영될 경우 그 지역과 연고가 있는 이들을 배향하기도 하였다. 최치원을 주향으로 하는 무성서원의 경우 정읍 지역에 거주하거나 지방관을 지낸 신잠(申潛), 정극인(丁克仁), 안세림(安世琳), 정언충(鄭彦忠), 김약묵(金若默), 김관(金灌) 등 6명을 배향하였다.

사당 건물은 대개 정면 3칸, 측면 2 내지 3칸의 규모를 갖는다. 봉향자가 1 내지 6명 정도로 많지 않아 넓은 내부가 필요없었다. 예외적으로 영월의 창절서원은 정면 5칸 규모인데, 단종 복위와 관련된 사육신 등 모두 10명의 신위를 모셔야 하고 각 신위의 주향과 배향을 가릴 수 없었기 때문이다. 전면의 퇴칸을 개방한 형식의 사당도 있고, 개방하지 않은 사당도 있다. 전퇴의 개방 여부에 따라 향사의 의례가 약간씩 달라진다.

사당의 구조는 대개 익공식 구조가 많고 도동서원과 같이 주심포식 구조를 채용한 곳도 더러 있다. 반면 사찰 건축 등에 흔히 쓰였던 화려한 다포식 구조는 찾아볼 수 없다. 검소함과 절제의 절검 정신을 강조하는 성리학의 성전에 합당한 형식과 구조이다. 지붕은 대개 맞배지붕이며 좌우 측면에 풍판을 달아 위엄을 더하였다. 남계서원의 사당 정도가 예외적으로 팔작지붕이지만, 표현적 형태의 팔작지붕보다는 엄숙한 맞배지붕이 사당 건축의 성격에 더 부합하는 것이라 할 수 있다. 최고의 건물답게 기단도 잘 다듬은 장대석 기단이 일반적이며, 기둥을 받는 초석도 정교한 원형 초석이 많이 쓰인다. 막돌을 사용한 강당의 기단이나 초석과는 대조적이다.

전사청과 고직사

전사청(典祀廳)은 향사 전날 미리 제사상을 진설하는 건물로 평소에는 제기와 제례 용구를 보관한다. 따라서 사당 영역에 인접하여 자리잡고 제수를 마련하는 고직사(庫直舍)와도 연락이 잘 되는 곳에 위치한다. 전사청의 형태는 다양하지만 공통적으로 제상을 보관하는 마루방을 설치한다.

서원노(書院奴)들이 기거하면서 제수를 마련하는 고직사는 교직사(校直舍), 주소(廚所), 주사(廚舍) 등 여러 이름으로 불린다. 서원에 딸린 노비들은 평소에는 유생들의 식사와 세탁 등 잡일을 담당하는데 어느 정도 신분이 보장되었던 것으로 보인다. 비록 노비들의 공간이지만 대개의 고직사들은 당당한 기와집이었고, 건물의 구성도 좌우 대칭의 격식을 갖춘 것들이 많다. 물론 향사 때에는 많은 참례인들이 고직사에서 숙식하기도 하였기 때문에 어느 정도의 격식을 갖출 필요도 있었다.

홍살문 선현들의 위패를 봉안한 신성한 지역임을 의미하는 유교적 시설물로 서원 입구에 세워진다. 필암서원의 홍살문 뒤로 확연루가 보인다.

의례용 시설물들

서원에는 건물 외에도 필요한 시설들이 있다. 서원 입구에 홍살문[紅 箭門]을 세우는데 입구 길목의 좌우에 한 쌍의 기둥을 높게 세우고 기 둥의 상부 사이에 나무살들을 연결한 구조물이다. 구조물 전체에 붉은 주칠을 하여 홍살문이라는 이름이 붙었다. 홍살문의 기둥을 세우기 위 해서는 각 기둥에 한 쌍씩의 지주석이 필요하다. 위아래에 구멍을 뚫은 한 쌍의 지주석을 땅에 박고, 그 사이 구멍에 나무토막을 끼우고 기둥을 세워 끈으로 묶는다. 홍살문의 한편 아래에는 으레 '하마비(下馬碑)'를 세운다. 이곳은 신성한 곳이므로 누구를 막론하고 말에서 내려 걸어 들어오라는 경계석이다.

홍살문을 서원 앞에만 세운 것은 아니다. 보통의 향교나 국가적인 사묘(祠廟) 앞에도 세운다. 따라서 홍살문은 선현들의 위패를 봉안한 신성한 지역임을 의미하는 유교적 시설물이다. 서원에도 사당이 있기 때문에 세우는 것이며 교육 시설의 상징은 아니다. 오히려 서원이 교육 시설임을 상징하는 것은 서원 앞에 심은 큰 은행나무들이다. 향교나 성균관에도 은행나무를 심는다. 성리학의 전당인 서원 안팎에는 이외에도 배롱나무를 많이 심는다. 꽃이 오래간다 하여 목백일홍이라고도 하며 자미(紫薇)나무라고도 불리는 백일홍은 껍질이 맨들거려서 마치 살이 없는 백골과도 같이 보인다. 사물의 본질을 추구하였던 조선조 선비들이 좋아하였던 성리학의 상징 나무이다.

성생단(省牲壇), 관세대(盥洗臺), 망료위(望燎位), 정료대(庭燎臺) 등 서원의 향사와 관련된 특별한 시설물도 설치되었다. 제수로 쓸 주요 제물은 흑염소나 흑돼지 등 살아 있는 가축이다. 이를 생(牲)이라 부르며, 제수를 마련하기 전날 '생'

도동서원의 차(炊) 이중으로 쌓은 담장의 굴뚝 같은 구멍 속에 제문을 넣고 불태우는 일종의 망료위다.

회연서원의 정료대 밤중에 관솔불을 밝히기 위해 강당 앞에 세워 둔 옥외 조명 장치이다.

을 서원의 한 편에 세워 놓고 향사의 임원들이 제물의 상태를 감정한다. 이때 '생'을 올려 놓는 단을 '생단' 또는 '성생단'이라 한다. 성생단은 흙을 돋워 쌓은 토단도 있지만 돌로 쌓은 석단도 있고 넓적한 큰 돌로 만든 것도 있다.

관세대는 제사 초기에 손을 씻기 위한 그릇을 올려 놓는 석물이다. 사각기둥 모양의 단순한 형태부터 연꽃이 조각된 원형의 화려한 형태까지 여러 가지 모양이다. 망료위는 제사를 마친 뒤 제문을 쓴 종이를 태우기 위한 돌판이다. 종묘의 망료위는 전돌로 쌓은 집 모양이기도 하지만 대개 높고 넓적한 돌판이다. 정료대는 서원 강당 앞에 세워 둔 돌기둥으로, 밤중에 관솔불을 밝히기 위한 옥외 조명 장치이다. 사당 앞에는 석등이 놓이기도 한다. 제사는 모두 한밤에 행해지기 때문이다.

서원 건축의 역사

　서원 역사의 시대 구분에는 여러 가지 견해가 있다. 교육학자인 정순목은 기능적 측면에서 3기로 나눈다. 제1기는 학문에 힘쓰는 장수(藏修) 우위의 시대로 16세기 중반부터 16세기 말까지다. 이 시기에 설립된 서원들은 교육 기능에 치중하였다. 제2기는 향사 우위의 시대로 17, 8세기의 서원들에 해당한다. 점차 교육 기능은 사라지고 가문 학벌 위주의 제향 기능이 강화되던 최대의 번성기였다. 제3기는 서원 정비기로 19세기가 해당한다. 이미 영·정조 때부터 서원 남설(濫設)을 우려하여 강제적인 구조 조정이 있어 왔고, 흥선대원군의 집권으로 전국 47개의 서원을 제외하고는 모두 철폐하게 된다. 이 시기의 서원은 강학과 제향이라는 본연의 기능보다는 유림 세력의 지역 기지로서 정치적인 기능이 강화되었다. 이 때문에 국가 권력의 집중적인 견제를 받아 쇠퇴하게 된 원인이 되었다.

　역사학자인 민병하는 제도적인 측면에서 시창－발전－정리의 3시기로 나눈다. 시창기는 중종부터 명종 때까지로 정순목의 1기와 동일하다. 발전기는 선조부터 숙종 때로 예학의 발달과 소중화(小中華) 사상의 유포 등으로 서원의 남설이 성행하던 시기이며, 정리기는 경종부터 고종조 초로 국가적인 차원의 서원정리가 시행되던 시기이다.

건축학자인 김지민의 의견 역시 위의 시대 구분과 근본적으로는 같지만, 3기 정비기 이후에 4기 복원기를 추가한 것에 차이가 있다. 대원군의 하야 이후인 19세기 말부터 철폐된 서원들의 복원 건축이 성행하였던 점을 주목해 현재도 유교 건축의 맥이 계속되고 있다고 본다. 김지민의 견해를 좇아 4기로 구분한다면 시창기─급증기─정비기─복원기로 나누어 살펴볼 수 있다.

시창기의 건축 형식

시창기인 16세기 중반에서 17세기 초까지 설립된 서원의 수는 총 110여 개소였다. 최초의 사액화에 공헌한 이황은 서원 운동의 열렬한 지지자였다. 그가 쓴 『서원십영(書院十詠)』에는 풍기 죽계서원, 영천 임고서원, 해주 문헌서원, 성주 영봉서원, 강릉 악산서원, 함양 남계서원, 영천 이산서원, 경주 서악정사, 대구 서암서원이 등장한다. 적어도 퇴계 당시에 이미 10여 개의 유명 서원이 존재하였던 셈이다. 이 가운데 남계서원과 서악정사(서원)는 대원군의 서원 철폐를 피해 현재까지 남아 있다. 특히 이산서원의 운영과 규칙을 정한 「이산서원규」는 이후 한국 서원의 대표적인 규범으로 적용되었다.

현존하는 서원 가운데 건축적으로 의미와 가치를 갖는 서원들은 대부분 이 시기에 설립된 것들이다. 예의 소수서원(1543년), 남계서원(1552년), 서악서원(1561년), 옥산서원(1574년), 필암서원(1590년), 도동서원(1605년), 병산서원(1613년), 무성서원(1615년) 등이 이 시기의 것이다. 이 시기는 사림파들이 사화의 위기를 극복하고 정계의 실세로서 새로운 질서를 구축하던 때였다. 지방의 사림 세력들은 신장된

소수서원 전경 소수서원을 비롯한 초기의 서원 건축은 형식이라 부르기 어려울 정도로 자유스러웠던 것 같다. 물론 서원이 갖추어야 할 최소의 기능인 강당, 사당, 기숙사, 장판각 등은 구비되었지만 이들 사이의 규범적인 질서를 찾아내기는 무척 어렵다.

그들의 사회적 지위를 발판으로 새 질서 건설의 사명감에서 자발적으로 성리학의 선현들을 봉안하며 명문 서원들을 설립해 나갔다.

초기 형식, 특히 임진란 이전의 건축 형식이나 양상을 알 수 있는 사례들은 거의 남아 있지 않다. 전쟁 전에 설립된 현존 서원들도 소수서원을 제외하고는 모두 전쟁 후에 복원된 건물이다. 물론 임진란의 피해 때문이다. 퇴계가 관여하였던 이산서원과 퇴계학파의 본거지이며 최대 규모였던 여강서원 등은 흔적도 없이 사라졌다. 단지 한국 최초의 서원인 소수서원(백운동서원)만이 남아 있어서 그 대강을 짐작할 수 있을 뿐이다.

소수서원 하나만으로 단정하기는 어렵지만, 초기의 건축은 형식이라 부르기 어려울 정도로 자유스러웠던 것 같다. 물론 서원이 갖추어야 할

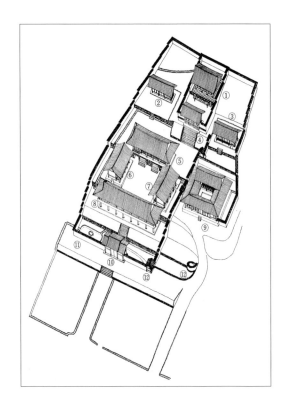

병산서원 구성도

① 존덕사
② 장판각
③ 전사청
④ 신문
⑤ 입교당
⑥ 서재
⑦ 동재
⑧ 만대루
⑨ 주소
⑩ 복례문
⑪ 연못
⑫ 화장실

최소의 기능인 강당, 사당, 기숙사, 장판각 등은 구비되었지만 이들 사이의 규범적인 질서를 찾아내기는 무척 어렵다. 소수서원의 예를 들자면, 강당인 명륜당의 명칭은 향교 건축의 것을 그대로 가져왔으며 일정한 중심축이나 영역 구분이 존재하지 않는다. 그때그때 필요에 따라 여러 건물들이 산재하는 모습을 보인다. 하지만 변화무쌍한 지형의 생김새에 맞추어 유기적으로 전체를 구성하는 전통은 이미 이 시기부터 시작되었다.

확실한 것은 서원 제도가 비록 중국의 예를 규범으로 삼았지만 건축 형식은 중국의 원형과는 무관하다는 사실이다. 매우 규범적이고 기하학적으로 구성된 중국 서원의 형식과 소수서원을 비교하는 것은 무의미하다. 소수서원의 경우 강당을 중심으로 숙사들이 배열되고 그뒤 한편에 사당이 위치하는 것으로 보아 초기 서원이 제사 기능보다는 교육 기능을 우선하였다는 점은 명확하다. 병산서원의 경우에도 초기에는 강학 공간만이 마련되고 후에 제향 공간이 부가되는 순서를 밟았다. 따라서 사당이 강당의 중심축에서 벗어난 곳에 위치하게 된다. 도산서원도 마찬가지였다. 이 시기에 설립된 남계서원도 강당과 사당의 중심축이 정확하게 일치하지 않는다. 아직은 규범적인 형식이나 규칙보다는 개별 건물의 경관과 편의성이 중요하게 생각되었기 때문이다.

급증기의 건축 형식

17세기와 18세기 전반기까지 150년 동안은 서원 건축이 가장 활발하게 세워지고 경영되던 시기로 서원의 급증기라 할 수 있다. 비록 시창기에 유명 서원들이 설립되었다고는 하지만 사액 서원으로 승격된 것은 대부분 17세기 중반 이후이다. 또한 임진란을 통하여 불타 버린 건물들이 중건된 것도 17세기 중반경이다. 중국 성리학의 정통을 잇는다는 소중화적인 자부심이 지식계를 휩쓸면서, 그리고 치열하게 전개된 당쟁의 소용돌이 속에서 각 정파와 학파는 자신들의 세력 근거지인 서원들을 경쟁적으로 늘려 갔다. 이 시기에 설립된 서원은 730여 개소로서 폭발적인 증가세를 보였다.

이 많은 서원들이 모두 정상적일 수는 없었다. 서원을 설립하려면 유림에서 인정할 만한 선현을 봉향해야 했다. 그러나 한국의 선현들을 모두 통털어도 그만한 숫자의 인물을 찾을 수는 없었다. 따라서 자연히

한 인물이 여러 곳의 서원에 봉향되는 이른바 '첩설(疊設)' 현상이 나타나게 된다. 가장 인기 있는 인물인 퇴계는 전국 31개소의 서원에, 우암 송시열(尤庵 宋時烈)은 26개소에, 율곡은 21개소에 첩설되었다. 심지어 중국의 주자도 20여 개소에 봉안되는 형편이었다.

첩설에도 한계가 있었다. 자연히 '향사 대상자는 사문유공인(斯文有功人)이 아니어도 좋다'는 편의적인 주장이 대세를 이루었다. 자기 가문 조상들의 공적을 과장하거나 조작하는 '외향(猥享)' 현상까지 동원하여 서원을 창건하기도 하였다. 이러한 상황에서 교육이 제대로 될 까

필암서원 급증기의 서원들은 완전한 건축 형식적 틀을 구축하게 된다. 중심축선상에 누각과 대문, 강당, 사당을 일렬로 세우고 필요 시설들을 여기에 부가하는 형식이다.

닭이 없었다. 자연히 서원의 중심 기능은 교육에서 제향으로 흐르게 되고, 지방민에 대한 착취와 당쟁의 근거지로 전락하는 이른바 '서원폐(書院弊)'의 온상이 되었다.

서원의 남설과 첩설, 서원폐 등 온갖 부정적인 현상은 자연 국가 기강의 문란과 왕권 약화, 그리고 재정 수입의 감소라는 심각한 국가 위기를 초래하였다. 따라서 정부는 서원의 억제책을 통하여 정비를 꾀하게 된다. 영조는 1741년 전국의 사설 서원 300개소를 철거하였고 새

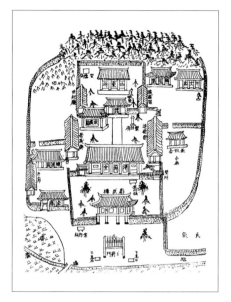

필암서원 전도 출전『필암서원지』.

로운 서원이나 사우의 건립을 원칙적으로 금지시켰다. 정조 이후에는 10여 개소만이 특별히 신설될 정도여서 서원의 증가세가 꺾이게 되었다. 그러나 기존에 세워진 수백여 개소의 서원과 사우는 여전히 흥성하면서 권력을 구가하고 있었다.

급증기의 서원들은 완전한 건축 형식의 틀을 구축하게 된다. 이미 시창기의 도동서원이나 옥산서원에서도 나타났지만 중심축선상에 누각과 대문, 강당, 사당을 일렬로 세우고 필요 시설들을 여기에 부가하는 형식이다. 이 좌우 대칭적인 배치 형식은 서원 건축의 대표형으로 자리잡았다. 이 시기에 발달한 예학과 예론은 서원 건축의 형식을 더욱 규범화하고 고정화시켰을 가능성이 매우 높다. 또한 모화(慕華) 사상과 소중화 사상의 영향 아래서 중국적인 원형이라 믿어 버린 건축 형식을 하

나의 공고한 유형으로 받아들인 현상도 쉽게 이해할 수 있다.

이 전형적인 형식에는 비교적 강학 공간과 제향 공간이 균형 있게 다루어졌다. 비록 강학 공간의 규모가 크고 건물수가 많기는 하지만, 대신 제향 공간은 가장 뒤쪽의 위계가 높은 위치를 차지하여 건물의 격을 높임으로써 질적인 우위를 점하였다.

그러나 비록 하나의 유형이 고착되었다 하더라도 약간의 변형들은 존재하였다. 특히 충청, 호남권의 서원들은 영남의 형식과는 대조적이다. 장성 필암서원의 경우, 중심축의 위상은 지켜지지만 동서재가 강당의 뒤에 붙는 등 사당 영역과 강당 영역이 하나로 통합된다. 이 유형의 서원에도 교육 기능은 상존하였지만 상대적으로 사당을 중심으로 한 제향 공간이 중시된다. 이러한 전당후재형은 서원 건축뿐 아니라 이 지방의 향교 건축에도 적용되는 일반적인 유형이기 때문에 하나의 지역적인 전통이라 볼 수도 있다.

덕봉서원이나 용연서원같이 경기도 지역에도 전당후재형의 서원들이 나타난다. 이들은 강당 뒤편의 재실 건물이 매우 미약하거나 흔적으로만 남아 있다. 특히 전면 누각은 나타나지 않는다. 상대적으로 제향 공간의 면적이 넓어지고 비중이 높아진다. 점차 교육적인 서원에서 제향적인 서원으로 전이해 가는 과정을 보여 준다.

정비기와 복원기의 건축 형식

세도가들의 견제와 멸시를 참으며 권좌에 오른 흥선대원군은 집권 초기에 과감한 사회 개혁을 단행한다. 그러나 이미 반세기가 넘게 구축되어 온 구 집권 세력, 곧 몇몇 거대한 세도 가문을 중심으로 한 유림 세력들의 반발과 저항은 모든 개혁을 불가능하게 하는 최대의 장애물

신미존치 47서원

도명	서원 이름	창건년도	사액년도	소재지	주향자	비고
경기도	파산서원	1568	1650	파주군 파평면 눌로리	성수침	
	숭양서원	1573	1575	개성시	정몽주	
	우저서원	1648	1675	김포시 감정동	조 헌	
	심곡서원	1650	1650	용인시 수지읍 상현리	조광조	
	용연서원	1691	1692	포천군 신북면 신평2리	이덕형	
	현절사	1688	1693	하남시 산성동	김상헌	1968년 이건
	노강서원	1695	1697	의정부시 장암동	박태보	1968년 이건
	사충서원	1725	1726	하남시 상산곡동	김창집	
	덕봉서원	1695	1697	안성군 양성면 독봉리	오두인	일명 강한사
	대로사	1785	1785	여주군 여주읍 하리	송시열	
	기공사	1841	1841	고양시 고양읍 지도리	권 률	
	충렬사	1641	1658	인천시 강화군 선원면 선행리	김상용	
충청도	돈암서원	1634	1660	논산시 연산면 임리	김장생	
	노강서원	1675	1682	논산시 광석면 오강리	윤 황	
	충렬사	1697	1727	충주시 단편동	임경업	
	창렬사	1717	1721	홍성군	윤 집	
	표충사	1731	1731	청주시	이봉상	
전라도	필암서원	1590	1662	장성군 황룡면 필암리	김인후	
	포충사	1601	1603	광주시 광산구 대촌면 완산리	고경명	
	무성서원	1615	1696	정읍시 칠보면 무성리	최치원	
경상도	소수서원	1543	1550	영주시 순흥면 내죽리	안 향	
	남계서원	1552	1566	함양군 수동면 원평리	정여창	
	서악서원	1561	1623	경주시 서악동	설 총	
	금오서원	1570	1575	구미시 선산면 원동	길 재	
	옥산서원	1573	1574	경주시 안강읍 옥산리	이언적	
	도산서원	1574	1575	안동시 도산면 토계동	이 황	
	도동서원	1605	1607	대구시 달성군 구지면 도동리	김굉필	
	충렬사	1605	1624	부산시 동래구 안락동	송상현	
	병산서원	1613	1863	안동시 풍천면 하회리	류성룡	
	충렬사	1614	1723	통영시 명정동	이순신	
	흥암서원	1702	1705	상주시 내서면 연동리	송준길	
	옥동서원	1714	1789	상주시 모동읍 수봉리	황 희	
	포충사	1738	1738	거창군 웅양면 노현리	이술원	
	창렬사	1600년대	1607	진주시 성남동	김천일	
황해도	문회서원	?	1568	배천	이 이	
	청성묘	1691	1701	해주	백 이	
	봉양서원	1695	1696	장연	박세채	
	태수사	고려조	1796	평산	신숭겸	
평안도	무열사	1593	1593	평양	석 성	
	삼충사	1603	1668	영유	제갈량	
	충민사	1681	1682	안주	남이흥	
	수충사	?	1784	영변	휴 정	
	표절사	?	?	정주	정 시	
강원도	충렬서원	1650	1652	김화	홍명자	
	포충사	1665	1668	철원	김응하	
	창절서원	1685	1699	영월군 영월읍 영흥1리	박팽년	
함경도	노덕서원	1627	1687	북청	이항복	

이었다. 그들의 정치·경제적 힘의 근원이
남설된 서원에서 나온다는 사실을 직시한
대원군은 드디어 1871년에 47개소의 서원
과 사우를 제외하고는 모두 훼철하기에 이
른다. 이 해가 신미년이어서 이때 살아 남
은 서원과 사우를 '신미존치(辛未存置) 47
서원'이라 부르며, 해당 서원들은 기적적
인 생존을 커다란 명예로 여긴다. 대원군
이 개혁 정치의 첫째 수단으로 서원 철폐
를 단행한 이유는 당시 서원이 지방 양반
들의 경제 근거지인 동시에 세도 가문들의
권력 기반이었기 때문이다. 이제 서원의
문제는 교육이나 제향의 문제가 아니라 정
치 문제였으며 국가 경제의 문제였다.

　존치의 기준은 대략 1선현 1서원만 존치
할 것〔疊設不可〕, 전통 깊은 명문 서원일
것, 나라와 도학을 위해 충절을 바친 선현
의 서원일 것 등이었다. 그러나 최대 명문
서원이었던 송시열의 화양서원이 가장 먼
저 철폐된 것이나 경기도 일대의 소규모
서원들이 존치된 점 등을 상기하면, 존치
의 판단 기준은 다분히 정치적인 면이 많
았다고 생각된다. 다시 말해 서원 본연의 기능을 벗어나 정치적으로 지
나치게 비대해진 서원들을 정비하여 정치적인 장애물들을 제거하려고
하는 목적도 컸다고 보인다.

　이 시기에 서원이나 사우를 새로 설립하는 것은 원칙적으로 불가능

월봉서원 전경 19세기 말 이후에 복원된 서원의 전형을 보여 준다. 동서재의 교육 기능
은 약화되거나 사라지고 향사 기능만 유지되어 사당이 가장 높은 위계를 차지한다. 건물
들의 배열이 극히 형식적이고 외부 공간의 짜임새가 흐트러졌다.

하였다. 기존 서원들은 강학 기능이 거의 소멸되고 향사 기능만 남게 되었고 서원의 부정적인 역기능이 한창이었다. 교육 기관으로서의 역할이 거의 없으므로 동서재가 필요없고 강당도 약화된다. 대신 문벌과 지역 사회의 주도권을 위한 향사 기능은 확대되어 사당이 서원의 중심적 위치로 부상한다.

또 흥선대원군의 서원 철폐를 겪을 때 그 명맥을 부지하기 위해 많은 편법들이 고안되었다. 강당 부분을 철거하고 단순한 사당으로 남겨 두거나, 사당 부분을 없애고 강당만으로 서당의 이름을 걸거나, 또는 강당을 다른 곳으로 옮겨 강당과 사당을 분리, 유지하는 방법들이 행해졌다. 많은 경우 서원의 제향 기능은 기존에 있었던 사우와 영당, 향현사, 별묘, 향사, 세덕사, 유애사, 이사, 생사당 등의 다양한 명칭으로 바꾸고 위치를 이전함으로써 훗날을 기약할 수 있었다.

대원군의 실각 이후에 훼철된 서원의 반수 이상이 복원 중창되었다. 그러나 이미 교육적 기능과 지역 사회 내의 정치적 위상을 잃어버린 서원 건축은 극히 형식적일 수밖에 없었다. 다양한 형태로 명맥을 유지한 제향 기능만을 복원하고 사당을 중심으로 극히 제한된 시설들을 건설하였다. 그 결과 서원 건축은 형식의 완결성이 사라지고, 집합적인 질서도 해체되어 건축적으로 주목할 대상은 나타나지 않았다.

서원 건축 순례

대원군의 철폐령에서 살아 남은 47개소 가운데 순수 서원 건축은 27개소였고, 원형을 어느 정도 보존하면서 남한에 현존하는 서원은 20개소를 넘지 못한다. 이처럼 소수의 사례들을 이해하려면, 서로간의 공통점을 찾기보다는 하나하나의 사례에 숨어 있는 개별 특성들을 살펴보는 것이 유익하다고 생각한다. 지형에 어떻게 대응하면서 경관을 얻고 있는가, 특별히 의도하고자 하였던 건축적인 개념은 무엇이었는가 등이 중요한 내용들일 것이다.

시창기의 서원들

소수서원(紹修書院)

경상북도 영주시 순흥면 내죽리, 1543년 설립, 1550년 사액, 사적 제55호

주세붕(1495~1554년)이 백운동서원으로 창건하고 이황(1501~1570년)이 사액 서원으로 승격시킨 한국 최초의 서원이다. 순흥 지방은 고려 후기에 성리학을 수입한 회헌 안향의 고향이며, 안향은 최초의

경렴정 유생들의 휴식을 위해 개울가에 세워진 정자 안에는 유명 시인과 묵객들의 시구들이 걸려 있다.

성리학 전당의 봉향자가 되기에 적합한 상징적인 인물이다. 설립 이듬해에는 안향의 후손으로 고려 말 문관을 지낸 안보(安輔)와 안축(安軸) 형제를 배향하였고, 1633년 설립자인 주세붕을 추가 배향하였다.

소수서원은 최초의 서원답게 지방관이나 중앙 정부로부터 각별한 관심을 끌어 왔다. 1546년 경상도관찰사였던 안현(安玹)은 서원의 경제 기반을 확충하고 운영 방책을 보완하는 데 주력하였으며 「사문입의(斯

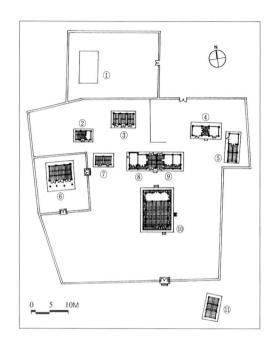

1970년대의 소수서원 배치도

① 옛 고직사
② 전사청
③ 영정각
④ 학구재
⑤ 지락재
⑥ 문성공묘
⑦ 장서각
⑧ 직방재
⑨ 일신재
⑩ 명륜당
⑪ 경렴정

0 5 10M

文立議)」를 마련하여 서원의 향사와 토지, 서적의 운용과 관리, 노비와 서원 종사인의 관리 등 서원의 운영과 유지에 필요한 제반 방책을 마련 하였다. 이후에 설립된 서원들도 소수서원의 예를 모범으로 삼아 운영 안들을 작성하였다. 1548년 풍기군수로 부임한 이황은 기존의 백운동 서원에 대한 범국가적인 지원을 상소하여 '소수서원'으로 사액받는 데 성공하였다.

소수서원은 동쪽으로 죽계수(竹溪水)를 면하는 평지에 자리잡았다. 평지에 입지하여 뒤가 허한 단점을 보완하기 위해 서원 주변에는 울창 한 송림을 만들어 고적한 환경을 조성하였다. 소수서원 터는 신라 때 창건된 숙수사(宿水寺)의 옛터였다. 아직도 서원 입구에는 숙수사의 당간지주(보물 제55호)가 남아 있고, 서원 경내 곳곳에 사찰에 쓰였던 초석이나 불대좌석 등이 변형된 용도로 남아 있다.

일신재와 직방재 3칸씩의 일신재와 직방재는 하나의 건물로 연결된 '연립형 기숙사'다. 2칸의 온돌방과 1칸의 마루방으로 된 양재는 좌우 대칭으로 구성되었다.

최초의 서원답게 특정한 형식의 틀이나 배치 규범을 따르지 않고 여러 건물들이 자유롭게 배열된 것이 특징으로, 누각이나 정문 같은 별도의 경계 건물도 존재하지 않는다. 단지 서원의 작은 대문 앞쪽 개울가에 경렴정(景濂亭)이란 정자를 세워 후대 서원의 누각이 가졌던 휴식 기능을 대신하였고, 개울 건너 취한대에도 정자를 세워 풍류를 돋웠다. 개울 건너에는 주세붕의 글씨로 전하는 '敬'자를 커다랗게 음각한 바위가 있다.

경내에는 강당인 명륜당(明倫堂), 사당인 문성공묘(文成公廟), 기숙사였던 일신재(日新齋), 직방재(直方齋), 지락재(至樂齋), 학구재(學求齋), 장서각과 전사청, 그리고 안향과 주세붕의 영정을 모신 영정각(影幀閣)이 있다. 건물의 구성부터 전형적인 서원 형식과는 차이가 있다. 우선 강당 좌우에 있어야 할 동서재가 없고, 4개의 재실이 독립적

명륜당 건축적인 형식을 모색하던 초기의 서원에서는 관학인 향교 건축의 명칭들도 사용하였다. 정면 4칸으로 구성된 명륜당의 형식도 서원의 전형적인 강당과는 차이가 있다.

으로 산재한다. 영정각도 다른 서원에서는 발견하기 어려운 건물이다. 서원 북쪽의 콘크리트로 만든 유물관은 원래 고직사가 있던 곳에 1980년대 신축한 건물로, 서원의 예스런 분위기를 교란시키고 있다.

　건물들의 배치와 외부 공간 구성에도 일정한 형식을 발견할 수 없다. 동향의 강당과 남향의 사당은 전혀 관계없이 독자적으로 위치하고 있다. 정문을 들어서면 측면으로 놓인 강당이 먼저 나타나고, 경내의 한 구석이기는 하지만 비교적 높게 돋운 토대 위에 사당 영역이 독립되었다. 규범적인 형식은 없지만, 강학 공간과 제향 공간의 선후는 지켜지고 있는 셈이다. 나머지 건물들도 가시적인 질서 없이 배열되어 있다. 그러나 각 재실들이 어우러져 만들어내는 외부 마당은 나름대로 형태를 갖추고 있으며 유기적인 관계를 형성한다.

　명륜당은 4×3칸 규모의 팔작지붕집이다. 4칸 가운데 3칸은 넓은 대

지락재 학구재와 지락재에서는 건물 자체의 완결성보다는 건물을 무엇인가 담기 위한 틀이요, 그릇으로 생각한 초기 성리학자들의 건축관을 읽을 수 있다.

청이고 내부 끝칸에만 온돌방이 놓였다. 대청을 사이에 두고 양 끝칸에 온돌방을 놓는 후대의 강당 형식과는 전혀 다른 모습이다. 공포 구조는 초익공(初翼工) 형식으로 앙서[仰舌]의 끝이 날카롭게 조각되었고, 벽면에는 가운데 문설주가 있는 영쌍창(映雙窓)이 달리는 등 오래된 기법들로 이루어진 집이다.

　3칸씩의 일신재와 직방재는 하나의 건물로 연결된 '연립형 기숙사'다. 2칸의 온돌방과 1칸의 마루방으로 된 양재는 좌우 대칭으로 구성되었다. 후대 서원에서 분리된 동재와 서재가 좌우 대칭의 구성을 이루는 것을 연상시킨다. 동서 양재의 원형이라고 볼 수도 있다.

　학구재와 지락재에서는 초기 성리학자들의 건축관을 더욱 명확히 읽을 수 있다. 두 건물은 서로 직각으로 놓이며 둘 사이의 마당을 형성한다. 그러나 두 건물에 놓인 마루칸의 앞뒤를 틔움으로써 재실 마당은 매우 개방적인 공간이 된다. 근래에 두른 담장이 없었다면, 마당에서 마루를 통하여 뒤편의 송림과 계곡의 경치를 볼 수 있었을 것이다. 두 건물의 높이는 아주 낮고 기단도 땅에 붙을 정도여서 아늑하고 친밀한 분위기를 만들어 준다.

휜 부재들을 사용한 장판각이나 전사청은 더욱 토속적인 건물들이다. 경내 곳곳에 의례용의 석물들이 놓여 있는데, 모두 전신인 숙수사에서 불교용으로 사용하던 것들의 잔해이다. 영정각 앞의 일영대는 불대좌석의 윗면에 구멍을 뚫고 막대기를 꽂아 일종의 해시계로 사용하였다. 사당 담장 밖 서쪽에는 석탑재였던 관세대와 석등재였던 정료대가 놓여 있고, 남쪽의 돌덩어리는 망료위다. 비록 배척했던 종교인 불교에서 사용하던 물건이라 해도 쓸모가 있으면 개의치 않고 사용하였던 초기 성리학자들의 실용적인 정신을 대변하는 석물들이다. 정문 밖의 한 자 정도 돋워진 정방형의 토단은 성생단이었다.

영정각 안에는 회헌 영정(국보 제111호)과 대성지성문선왕전좌도(大成至聖文宣王殿座圖, 보물 제485호), 주세붕 영정(보물 제717호) 등이 보관되어 있다. 유물관 안에는 유물관을 지으면서 출토된 숙수사의 잔재들과 설립부터 1895년까지 4,000여 명 유생들의 입원록 등 많은 서원 관련 기록들이 전시되어 있다.

인근 부석면에는 유명한 부석사와 죽계구곡 그리고 비로사, 초암사, 성혈사 등 잘 알려지지 않았지만 중요한 문화재를 소장하고 있는 작은 사찰들이 있다. 순흥 일대는 충절의 고장으로도 유명하다. 단종 복위와 관련된 금성대군의 위리안치(圍籬安置) 유배지, 사약을 받았던 금성단, 그리고 순흥향교와 동헌지 등 많은 유적들이 남아 있다.

남계서원(灆溪書院)

경상남도 함양군 수동면 원평리, 1552년 설립, 1566년 사액, 경상남도 유형문화재 제91호

소수서원에 이어 두 번째로 설립된 유서 깊은 서원이지만, 정유재란 때 완전 소실되어 1603년 나촌으로 옮겨 복원하였다가 1612년 옛터인 현재의 위치로 다시 옮겨 중건하였다. 왜란 전의 원형은 알 수 없지만, 소수서원과 같이 자유로운 구성을 하지 않았나 추정된다.

현재의 모습도 17세기의 일반적인 유형보다는 비교적 자유롭다. 강당을 짝수인 4칸으로 구성하였고, 강당과 뒤편 사당의 축선도 일치하지 않는다. 동재와 서재의 앞쪽을 누각형으로 만들었고 전면에는 한쌍의 작은 연못도 축조하였다. 초기 서원의 자유로움에서 전성기 서원의 엄격함으로 전이해 가는 과정을 유추할 수 있다.

주향자인 일두 정여창(一蠹 鄭汝昌, 1450~1504년)은 김종직의 문인으로 동년배의 김굉필과는 막역한 동문 사이였다. 무오사화 때 경성으로 유배되어 죽었고, 사후에도 갑자사화 때 시신이 찢기는 부관참시의 극형을 받아, 김굉필과 함께 성리학계의 순교자로 추앙되었다. 이언적, 김굉필, 이황, 이이와 함께 '동방 5현'으로 추종될 정도로 우뚝한 성리학의 거목이기도 하다.

정여창의 고향은 서원에서 멀지 않은 지곡면 개평리였으며, 지금도 후손들이 종가를 지키고 있다. 숙종 때 강익(姜翼)과 정온(鄭蘊)을 추가 배향하였고, 별도의 사당에 유호인(兪好仁)과 정홍서(鄭弘緒)를 배향하였으나 1868년 별사(別祠)는 훼철되었다.

앞으로 넓은 들과 강 그리고 멀리 백암산과 석복산을 바라보는 서향받이 언덕에 서원의 자리를 잡았다. 뒷동산이 높지 않아 키 큰 소나무를 심어 비보하였다. 경내 평지 부분의 강학 공간과 언덕 위 제향 공간의 중심축이 일치하지 않는 이유는 앞산과 뒷동산의 방향이 일치하지 않기 때문으로 보인다. 강당을 4칸으로 줄인 이유도 강학 공간의 축성을 약화시켜 부드럽게 제향 공간으로 연결시키려는 의도로 짐작된다. 사당에서 내려다보는 서원의 전경과 그와 중첩되는 멀리 산야의 원경

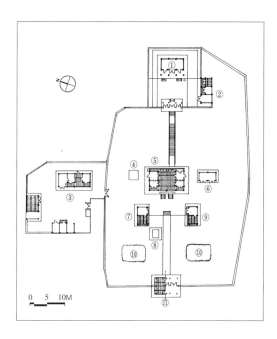

남계서원 구성도

① 사당
② 전사청
③ 고직사
④ 생성단
⑤ 명성당
⑥ 장판각
⑦ 보인재
⑧ 묘정비
⑨ 양정재
⑩ 연못
⑪ 풍영루

0   5   10M

은 일품이다.

경내의 강학 공간은 강당인 명성당(明誠堂)과 동재인 양정재(養正齋), 서재인 보인재(輔仁齋), 장판각, 그리고 누각인 풍영루(風咏樓)와 한 쌍의 연못으로 이루어진다. 뒷산 높은 곳의 제향 공간에는 사당과 전사청이 자리잡았고, 북쪽 옆에 고직사가 딸려 있다. 서원 어귀에는 홍살문과 하마비가 서 있어 품격을 더해 준다.

강당은 4×2칸 규모로 좌우 협칸에 온돌방을 들여 가운데 대청은 정면 2칸이 되었다. 서원의 현판도 '남계'와 '서원'으로 나누어 각 한 칸씩에 걸었다. 팔작지붕의 이익공집이며, 파련대공과 포대공 등 장식적 부재들이 사용되었고 단청도 과도하게 장식되어 20세기 초의 변형들이 아닌가 추정된다.

**남계서원의 홍살문과 정
문 누각** 소수서원에 이
어 두 번째로 설립된 유
서 깊은 서원이다. 어
귀에는 홍살문과 하마
비가 서 있어 품격을 더
해 준다.

 동재와 서재는 각 2칸 규모로 방 한 칸과 마루 한 칸으로 이루어졌
다. 특징적인 것은 마루의 구성으로, 마루쪽 측면의 기단을 없앰으로써
2층 다락집과 같이 만들었다. 이 누각 같은 장소에서 앞쪽의 작은 연못
을 감상하도록 한 의도였다. 건물들 사이의 관계가 정연하지 않고 외부
공간과의 비례도 맞지 않는다. 따라서 강학 공간은 전체적으로 산만한
분위기를 유발한다. 반면 뒤편의 제향 공간은 매우 정숙하며 근엄하다.
사당의 정제되고 긴장된 분위기를 강학 공간에서 이완시키는 이원화된
공간 구성 수법이다.

 3칸 누각의 아래층은 정문으로 쓰인다. 비교적 평지에 위치하였기
때문에 누각과 강당의 관계도 어색하다. 누각을 비롯한 건물들은 대부
분 20세기 초에 중수된 것으로 보인다. 건물 자체의 품격은 그다지 높
다고 할 수 없지만, 입지의 이용과 이원적 구성 의도 때문에 전체적으

로 짜임새를 잃지 않는다.

원평마을에는 또 하나의 서원이 있다. 남계서원에서 북쪽으로 300여 미터 떨어진 길가에 입지한 청계서원(靑溪書院)은 연산군 때 사초(史草) 문제로 처형된 김일손을 봉향한 서원으로 1907년에 건립되었다. 이 서원의 건축은 남계서원의 아류라고 할 수 있다. 4칸의 강당, 누각형의 동서재, 그 앞에 있는 한 쌍의 연못, 성생단의 위치, 강당과 사당의 배치관계 등이 남계서원과 너무나 유사하다. 서원의 명칭도 '청출어람(靑出於藍)'의 격언을 따라 정해졌다. 그러나 건축적으로는 '형만한 아우 없다'는 속담을 떠올리게 못났다.

서악서원(西岳書院)

경상북도 경주시 서악동, 1561년 설립, 1623년 사액, 경상북도 기념물 제19호

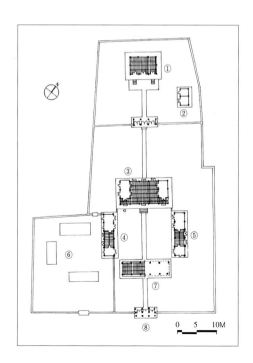

서악서원 배치도

① 사당
② 전사청
③ 시습당
④ 서재
⑤ 동재
⑥ 고직사
⑦ 영귀루
⑧ 도동문

0   5   10M

경주의 북산이라 할 수 있는 선도산 아래에 퇴계의 부친인 이정(李埴)이 김유신(金庾信)을 모신 사우를 세웠고, 퇴계가 친히 '서악정사(西岳精舍)'라는 현판을 썼다. 임진란 때 불타 버린 폐허 위에 사우와 강당을 신축하여 서원으로 재건하였다. 설총(薛聰, 생몰 연대 미상)이 주향자며 김유신, 최치원 등 신라의 위인들을 배향하였다. 유서 깊은 서원들이 성리학의 거유와 명현들을 봉향하였던 것과 비교하면 출발부터 차이가 있다. 선도산은 김유신의 묘와 무열왕릉이 있는 등 신라의 성산으로 숭상되던 곳으로 신라적 전통이 매우 강한 곳이다.

건축 구성에서도 신라적인 전통을 느낄 수 있다. 여느 서원과는 달리 완전한 평지인 서원 터에는 원래 불교 사찰이 있었던 듯하다. 초석과 기단석 등 신라 때의 돌부재들이 서원 건물의 일부로 쓰인 것은 물론 터의 형상도 신라 때 도시형 평지 사찰의 분위기가 물씬 하다.

남동향의 중심축선상에 누각인 영귀루(詠歸樓)와 강당인 시습당(時習堂), 사당을 일렬로 배열하고 강당 앞 좌우에는 동서재를 배치하였다. 강학 영역의 입구에는 외삼문(外三門)인 도동문(道東門)을, 제향 영역 앞에는 내삼문(內三門)을 설치하였다. 모든 건물들은 직각과 평행에 맞추어 배열되었고, 엄격한 좌우 대칭의 원리가 지켜졌다. 1649년에 재건하였고, 1873년에 중수한 기록이 있다. 지금의 모습이 언제 정착되었는지는 알 수 없지만 소수서원과 남계서원에 비해 매우 엄정한 형식적 규범을 따르고 있다.

유형적인 형식보다 중요한 것은 서악서원 전체에 흐르고 있는 평지 건축의 성격이다. 건물들은 모두 폭이 좁고 길이가 길다. 강당과 사당도 그러하지만, 5×1칸 규모의 동서재와 누각은 더욱 그렇다. 또한 기단도 낮고 건물의 높이도 낮다. 모두가 가느다랗게 땅에 달라붙은 듯한 모습이다. 결과적으로 건물들은 매우 수평적인 형상이 되었으며 전체적인 공간감도 평활한 느낌을 갖는다.

시습당에서 바라본 영귀루 평지에 조성된 서원답게 건물들의 높이가 낮고 옆으로 길쭉한 수평적인 형태를 취하였다.

영귀루는 2층 누각이 평지에 세워졌을 때 직면하는 난관들을 보여 준다. 중층으로 구성된 누각이라는 건물 유형은 경사지에 적합한 것이 다. 특히 단독으로 독립되지 않고 다른 건물들에 부속될 때는 더욱 절 실하다. 아무래도 입체적인 누각이 다른 건물과 어우러지고 자연스런 외부 공간을 형성하기 위해서는 역시 입체적인 지형이 필요하기 때문 이다.

시습당 내부 시습당의 대청 쪽으로 난 방의 개구부는 모두 창이다. 출입은 정면 벽에 난 문으로 가능하다.

평지에 세워진 누각은 크게 두 가지 제약을 받는다. 첫째는 2층의 높이가 다른 건물들 특히 주건물인 강당보다 높아져 건물간의 위계 질서가 깨질 우려가 있다. 그래서 영귀루는 최대로 높이를 낮출 필요가 있었다. 영귀루의 아래층은 반층 높이에 불과하여 출입하기에 매우 불편하다. 2층 형식을 유지하면서도 높이를 낮춰 강당의 중심성을 살려야 하였기 때문이다.

둘째는 높은 누각이 서게 되면 뒤편 강당에서의 경관이 가려지는 결정적인 문제가 생긴다. 이 문제는 영귀루의 폭을 1칸으로 좁힘으로써 해결하였다. 누각의 폭이 넓어지면 건물 내부의 입체화된 공간 때문에 강당에서의 경관을 가로막는다. 폭을 최대한 좁혀 누각의 앞뒷면이 근접하게 되면, 마치 평면적인 액자와 같은 효과 곧 투명막으로서의 효과를 거둘 수 있다. 외견상 어색해 보이는 영귀루의 형상은 이런 문제들을 해결하기 위한 어쩔 수 없는 선택이다.

금오서원(金烏書院)

경상북도 구미시 선산읍 원동, 1570년 설립, 1575년 사액, 1605년 이전 복원, 경상북도 기념물 제60호

왕조가 쇠락의 나락으로 떨어지기 시작한 고려 말, 고향인 선산으로 낙향한 길재(1353~1419년)는 금오산 밑에 채미정을 짓고 일생을 후학 교육에만 몰두하여 고려에 대한 충절을 지켰다. 금오서원은 길재의 충절과 덕행을 기리기 위해 원래 금오산 아래에 설립되었다. 임진란 때 소실되었다가 현재의 위치로 옮겨 복원하였으며 1609년 다시 사액되었다. 그뒤 김종직, 정붕(鄭鵬), 박영(朴英), 장현광(張顯光) 등 영남학파의 선비들을 추가로 배향하였다.

매우 급한 경사지 산자락에 자리를 잡아 앞으로 넓은 들과 유유한 감천을 바라보는 탁 트인 경관이다. 급경사지를 크게 3단의 평지로 조성하여 전체적으로 앞이 뾰족한 배 모양의 터를 닦았다. 가장 아랫단에는 누각과 동서재, 가운뎃단에는 강당, 제일 윗단에는 사당이 위치한다. 각 단의 높이 차는 2미터를 상회하며, 이 차이를 이용하여 2층 문루를 무리 없이 만들 수 있었다. 서원 전체의 구성을 본다면 넓은 벌판을 향하여 항해하는 배와 같고, 배의 돛대에 해당하는 부분이 문루다.

남향을 한 중심축선상에 문루인 읍청루와 강당인 정학당(正學堂), 사당인 상현묘(尙賢廟)를 배열하고, 강당 좌우에 동서재를 배치하였다. 터가 넓지 않아서인지 전사청이나 장판각 등의 부대 시설을 경내에 두지 않은 작은 규모의 서원이다. 서원 동쪽 한 단 낮은 곳에 소박한 고직사가 자리잡았다. 이러한 입지와 배치 구성은 인근 선산향교에서도 나타나는바, 선산과 상주, 함창 일대의 지역적인 특성으로 보인다.

읍청루 급한 경사지 위에 위치하여 3칸의 문루가 더욱 높아 보인다. 입지와 건물 구성에
서 상주와 선산 지역 서원과 향교의 특징을 잘 보여 준다.

이 서원은 우선 넓직한 강당의 규모가 눈을 끈다. 동서재에 비해서도 큰 규모지만 독립된 단 위에 놓인 독자적인 외관은 중심 건물로서의 위용을 자랑한다. 강당은 인근 선산 읍내의 유림들이 집회를 열 수 있을 정도로 커서 단순히 경내 유생들의 강회 장소로만 쓰였을 것 같지는 않다. 5×3칸 규모의 강당은 팔작지붕집으로 기둥의 귀솟음이 뚜렷하고 가운데 설주를 가진 영쌍창이 있어서 재건 당시의 건물이 보존되고 있음을 알 수 있다. 원장실인 일건재의 대청쪽 벽은 격자틀에 창호지를 양쪽으로 바른 맹장지〔盲障子〕로서 이동식 칸막이벽의 역할을 한다.

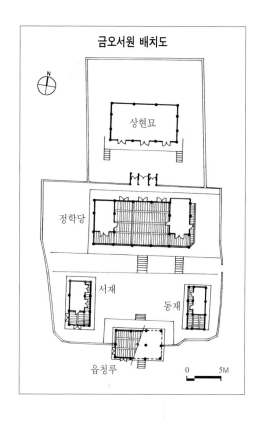

금오서원 배치도

상현묘

정학당

서재

동재

읍청루

0   5M

또 하나의 특징은 정문 역할을 하는 읍청루의 유형이다. 대지의 형상에 맞게 높고 훤칠한 수직적인 모습이다. 서원의 누각치고는 이례적으로 외벽에 판장벽을 치고 문을 달아 폐쇄하였다. 마치 사찰의 누각 같은 모습이다. 보뺄목이나 귀솟음 등 옛 기법이 고스란히 남아 있다. 선산 상주 지역의 고설식루(高設式樓) 유형의 흔적도 나타난다. 이 지역의 독특한 형식인 고설식루는 누 부분의 높이를 반층 정도 높여 앞마당

7조 규약 금오서원 강당에
는 서원 내에서 지켜야 할 7
가지 금기 사항들을 적어 놓
았다.

과 뒷마당, 누가 마치 반층씩 높이가 상승하는 계단식 구성(skipped
floor)을 취한다. 또한 누각을 완전한 건물로 생각하여 누 위에 온돌방
을 들이고 외벽을 친다. 이와 같이 아주 묘한 건물 유형은 이 밖에도
선산향교, 상주향교, 함창향교, 옥동서원 등의 문루나 강당 건물에 적
용되어 있다. 또 넓게 본다면 상주의 양진당이나 대산루 등 주거용 건
물까지도 이 형식의 틀 안에 있다.

　강당 내부에는 '7조'의 서원 규칙이 적혀 있다. 풀어서 전하면 '낙서
금지, 교과서 훼손 금지, 놀이 금지, 예의 준수, 술·음식·탐욕 자제,
잡담 금지, 의관 정제' 등 지금의 학교 사정과 별로 다를 바가 없다.

옥산서원(玉山書院)

경상북도 경주시 안강읍 옥산리, 1572년 설립, 1574년 사액, 사적 제154호

　이언적(1492~1553년)은 동방 5현 가운데 한 사람이고 영남 사림의
태두 격에 해당하는 큰 인물이었다. 이언적의 출생지는 경주시 강동면
양동마을이었으나, 40세 때 관직을 박탈당하여 낙향 은거를 한 곳이
바로 옥산동의 자계계곡이다. 그는 계곡 중심부에 별서인 독락당(獨樂
堂)을 경영하면서 주변의 자연들에 명칭을 붙이며 조직화하기 시작하

였다. 동서남북을 둘러싼 4개의 산을 골라 화개산, 자옥산, 무학산, 도덕산이라는 다소 도교적인 이름을 붙였다. 또 계곡 곳곳의 중요한 바위를 골라 관어대, 영귀대, 탁영대, 징심대, 세심대라는 명칭과 특별한 의미를 부여하였다. 이른바 회재의 4산 5대였다. 지금도 후손들이 살고 있는 독락당은 옥산서원과 동일한 건축적인 어휘를 가진 곳으로, 옥산서원을 이해하기 위해서는 먼저 보아야 할 필수적인 건축물이다.

옥산서원은 이언적이 사망한 지 20년이 지나서야 설립 발의가 시작되었다. 당시의 복잡한 정쟁이 회재의 영남파들에게 불리하였기 때문이다. 경주의 지방관을 비롯하여 회재의 후손 특히 옥산파들을 중심으로 서원이 설립된다. 입지는 4산 5대 가운데 징심대와 세심대가 있는

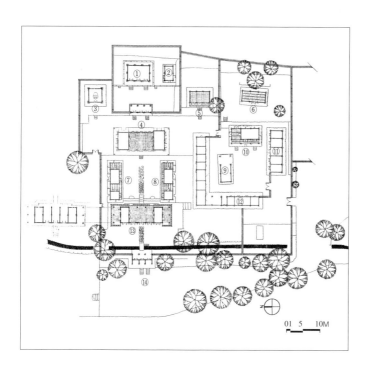

옥산서원 배치도

① 체인묘
② 전사청
③ 비각
④ 구인당
⑤ 장경각
⑥ 장판각
⑦ 민구재
⑧ 암수재
⑨ 포사
⑩ 서원청
⑪ 대고
⑫ 고청
⑬ 무변루(2층)
⑭ 역락문

독락당 계정 이언적이 낙향 은거하여 경영하던 독락당은 옥산서원과 동일한 건축적 어휘를 가진 곳으로, 옥산서원을 이해하기 위해서는 먼저 보아야 할 필수적인 건축물이다.

가장 경치 좋은 곳에 자리잡았다.

높이 4미터의 폭포가 떨어지는 용소 위에 걸린 외나무다리를 건너다 보면 귀가 멍할 정도의 물소리에 정신이 맑아진다. 또한 아름드리 참나무 열로 둘러싸인 깊고 짙은 진입로는 어떠한가. 수양처로서는 더없이 아름답고 운치 있는 장소이다. 그러나 너무나 좋은 환경에 자리잡은 탓일까. 옥산서원 안에서는 바깥의 경승을 전혀 느낄 수가 없다. 청각적으로도 단절될 뿐 아니라 시각적으로도 닫혀 있다.

서원의 역락문(亦樂門)을 들어서는 순간 자연에서 느낀 감동의 여운은 급격히 사라지고, 인위적인 건물들로 완벽하게 둘러싸인 폐쇄적인 공간으로 전환된다. 내부의 중심 장소인 강당 마당에서는 사방을 꽉 둘러싼 건물들 사이의 팽팽함만이 감돌 뿐이며, 어느 한 구석 긴장감을

체인묘 정교하게 축조된 기단과 계단이 사당 마당의 정숙함을 고양시킨다. 체인묘의 북쪽에는 회재의 신도비를 위한 비각이 있다.

이완시켜 주는 곳이 없다.

강당 마당은 강당인 구인당(求仁堂)과 누각인 무변루(無邊樓) 사이에 동재인 암수재(闇修齋)와 서재인 민구재(敏求齋)가 끼워진 형식으로 구성된 정사각형의 공간이다. 건물과 건물 사이의 모퉁이 부분이 서로 겹쳐져서 마당의 모퉁이는 닫혀 버렸고, 다음 공간으로의 전이가 일어나지 않는다. 모퉁이를 닫기 위해 무변루는 7칸, 동서 양재는 5칸으로 길이를 늘렸다.

무변루의 구성에 주목해 보자. 외부의 경관을 내부로 끌기 위해서는 벽면을 개방하여 누각을 경관적인 틀로 활용해야 한다. 그러나 옥산서원의 무변루는 바깥벽을 모두 막아서 외부로의 확장을 차단하고 있으며, 결과적으로 마당은 구심적이고 내부 지향적인 성격을 갖게 되었다.

무변루는 모두 7칸이지만 마당에서는 5칸으로만 인식된다. 가운데 3칸을 대청으로, 양 옆을 방으로 막아 내부 경관을 차단한다. 다시 방 바깥쪽으로 작은 누마루를 한 칸씩 달아서 외부로 향하게 하였다. 양끝 누마루의 지붕을 가운데 5칸보다 한 단 낮게 가적지붕으로 처리하여 이러한 의도를 더욱 명확히 한다.

다시 말하여 무변루는 가운데 5칸의 몸체에다 양끝 1칸씩의 누마루를 부가한 형식으로 가운데 5칸은 마당 쪽으로 개방한 동시에 외부로는 폐쇄되며, 대신 양끝 누마루를 외부에 개방하였다. 곧 한 동의 건물에 서로 다른 두 성격의 공간이 결합된 형식이다. 바깥에서는 7칸, 안에서는 5칸으로 인식되는 묘한 건물이며, 옥산서원의 기본적인 건축

구인당에서 무변루를 본 모습 바깥의 경승을 폐쇄적인 문루 건물이 가로막고 있다. 옥산서원 전반에는 폐쇄적인 공간 개념이 배어 있다.

개념을 대표적으로 읽을 수 있다.

옥산서원의 터 닦기는 크게 두 단으로 이루어진다. 아랫단에는 강당 영역과 관리사 영역이 좌우로 놓이고, 윗단에는 사당 영역이 중심을 이루면서 좌우로 장경각과 비각을 배열하였다. 관리사 뒤의 윗단에는 나중에 신축된 문집판각이 위치한다. 아랫단이 생활 영역이라면, 윗단은 상징과 보물들의 영역이다. 서원의 재산 가운데 가장 귀중한 것이 서책과 판본이며, 이들은 눈에 잘 띄어 관리하기에 쉬운 곳에 배치한다. 사당 북쪽의 비각은 회재의 신도비를 위한 곳으로 절묘한 담장의 처리로 인해 독립적인 영역 속에 놓여졌다. 남쪽의 장경각 역시 양쪽 담으로 분리된 경사지에 놓여져 매우 중요한 건물임을 암시한다.

관리사 영역의 구성 역시 예사롭지 않다. 우선 관리사의 규모가 매우 크다. ㄱ자로 구성된 고청은 모두 15칸이나 된다. 여기에 대규모의 고답적인 곳간채가 놓여진다. 그리고 중앙에는 서원청이라는 당당한 건물이 자리잡았다. 서원청은 서원 총무인 유사가 상주하면서 살림을 지휘하던 곳이다.

특히 주목할 것은 관리사 마당 가운데 놓여진 포사이다. 반쯤 개방된 벽체를 가진 이 건물은 행사 때 음식 마련을 위한 공간과 야외 식당으로 쓰이던 곳이다. 위치와는 상반되게 부재들은 엉성하다. 기능적인 편리함 외에도 굳이 이곳에 포사를 둔 이유는 따로 있다. 포사가 없었다면 장방형의 넓은 마당이었을 터인데, 포사를 배치함으로써 마당은 정사각형으로 바뀌고 서원청의 전속 마당이 된다. 그러면서 포사 뒤쪽의 노비들 숙소를 가려 버리는 이중 효과를 거둔다.

도산서원(陶山書院)

경상북도 안동시 도산면 토계리, 1574년 설립, 1575년 사액, 사적 제170호

조선조 최고의 유학자를 꼽으라면 주저없이 퇴계 이황을 추천할 것

도산서원 배치도　①상덕사　⑤상고직사　⑨진도문　⑬도산서당
　　　　　　　　②전사청　⑥서재　　⑩서광명실　⑭농운정사
　　　　　　　　③내삼문　⑦동재　　⑪동광명실　⑮역락서재
　　　　　　　　④전교당　⑧장판각　⑫하고직사

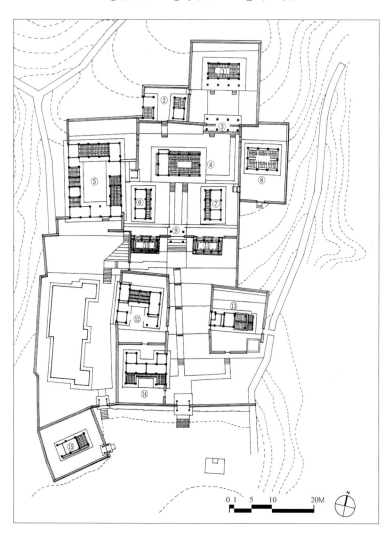

0 1　5　10　　20M

이다. 조선 성리학의 근본을 완성한 대학자였을 뿐 아니라, 360여 명의 이름난 문인들을 키워낸 대교육자인 퇴계를 봉향한 서원이 바로 도산서원이며 모셔진 인물의 크기에 비례하듯, 현존 최대의 서원이며 최고의 품격을 지닌 서원이다.

도산서원에서 북쪽으로 도산을 넘어 있는 토계동 마을이 퇴계의 고향이다. 1560년 낙향하여 지금의 자리에 '서당'을 짓고 제자들을 양성하였다. 전국에서 몰려온 제자들을 수용하기 위해 농운정사(隴雲精舍)와 역락서재(亦樂書齋)도 지었다. 퇴계는 주변 도산과 낙동강변에 절우사·곡구암·천연대 등 장소를 지정하여 자연 원림으로 삼았고, 일대를 소요하면서 명상하는 이상적인 강학 생활을 영위하였다.

전교당 4칸으로 구성된 규모가 이채롭다. 통상적으로 있어야 할 오른쪽의 원장실이 없으며 오른쪽으로 돌아가면 퇴계의 사당인 상덕사가 나타난다.

농운정사 창과 문이 뚜렷하게 구별되어 있으며 오른쪽이 상급반인 상재이고 왼쪽이 하재
이다. 창호의 구성에서도 상하재 간의 위계가 나타난다.

퇴계가 사망한 후, 제자들이 중심이 되어 전국적인 규모의 서원 설립
을 시작한다. 도산서당 자리에 서원을 건축하기로 결정은 하였으나 기
왕의 서당을 헐어 버리고 새 서원을 지을 수는 없었다. 퇴계의 족적을
지우기에는 너무 큰 스승이었으며, 도산서당은 이미 전국적인 명소가
되었기 때문이다. 결국 퇴계의 서당 영역을 보존한 채, 그 뒤편으로 서
원을 증축하는 형식을 취하게 되었다. 따라서 도산서원의 건축가들은
서당 시절의 옛 구성을 살리면서, 서원으로 확대 개편되면서 생기는 새
질서를 무리 없이 수용해야 하는 건축적 난제에 직면하게 되었다.

그들이 발견한 방법은 도산서당과 농운정사 사이에 새로운 길을 만
들고 한참 올라간 곳에 서원 영역을 구성하는 것이었다. 그 길은 5단의
계단식 테라스를 꾸미고 한쪽은 농운정사의 담장으로 유도된다. 다시
말해 한쪽은 수직적인 벽이 상승하고 다른 한쪽은 수평적인 테라스가
펼쳐지는 이원적으로 구성된 길이었다. 수직적인 벽면들이 새로운 서

도산서당 퇴계가 직접 설계한 건물로 퇴계의 소박하면서도 엄격한 건축적 생각을 읽을 수 있다. 두 칸 마루 가운데 왼쪽 것은 고정 마루, 오른쪽은 가설 마루의 개념을 보여 준다.

원 영역으로 방향을 유도한다면 수평적인 테라스들은 기존 도산서당 영역의 건물들로 유도하는 역할이다.

새 서원 건축에는 크고 높은 문루가 존재하지 않는다. 서원 영역 입구에 문루가 있었다면 전체의 시각적 중심이 될 것이고, 그러면 새 서원의 문루가 기존 도산서당 영역을 지배하는 것 같은 잘못을 범하였을 것이다. 이는 마치 스승인 퇴계를 제자들이 위에서 굽어보는 불경을 범하지 않기 위한 배려로도 보인다.

퇴계에 대한 조심스런 공경심은 강당의 구성에서도 나타난다. 강당인 전교당(典敎堂)은 전면 4칸 규모로 서쪽의 1칸 온돌방을 제외하곤 모두 대청마루이다. 곧 일반적인 서원 강당 형식에서 동쪽에 있을 원장실을 생략한 모습이다. 동쪽 뒤로 돌면 바로 사당인 상덕사(尙德祠)가 나타난다. 원장실을 생략한 이유는 뒤쪽 상덕사에 모신 퇴계가 영원히 정신적인 원장이라는 공경심의 은유로 보인다.

도산서원의 순수 서원 영역은 중심의 강당 영역과 뒤쪽 사당 영역, 동쪽 장판각 영역, 서쪽 상고직사 영역으로 구획된다. 강당 영역은 전교당과 동재, 서재로 둘러싸인 마당이 중심이 되며, 마당 앞 좌우에는 작은 2층 다락집인 동서 광명실(光明室)이 놓였다. 두 광명실은 서책을 보관하는 장서각의 역할을 하였으며 도산서원의 전적을 상징하는 건물이기도 하다. 광명실의 2층부 바깥에는 마치 건물 주위를 순례할 수 있는 외부 복도같이 사방에 쪽마루를 내밀고 난간을 달았다. 멀리 낙동강의 경관을 즐기는 간이 누각의 역할도 대신한 건물이다.

사당 서쪽에 부속된 전사청의 모습도 특이한데 2칸씩의 두 건물이 서로 마주보며 서 있다. 한 건물은 흙바닥 봉당과 마루방으로 이루어졌고, 다른 건물은 마루방과 온돌방으로 구성되었다. 각 칸들이 특정한 의례를 수행하였음직한 구성이다.

도산서원에는 커다란 고직사가 두 채나 있다. 서원의 규모가 컸으므로 서원 노복들도 많았다는 증거다. 전교당 서쪽에 있는 상고직사는 서원 부분의 고직사이고, 그 아래편 농운정사 뒤의 하고직사는 도산서당 영역에 속한 고직사이다. ㅁ자형의 상고직사는 제법 널찍한 마당을 중심으로 한 큰 곳간들로 이루어졌고, ㄷ자형의 하고직사는 규모도 작으면서 앞에 놓인 工자형의 농운정사와 유사한 형태를 취한다.

도산서당은 퇴계가 직접 설계한 건물로 퇴계의 소박하면서도 엄격한 건축적인 생각을 읽을 수 있는 곳이다. 이 건물이 지어질 당시 퇴계는 멀리 외직에 있었고, 당시 공사를 책임진 승려인 법련(法蓮)에게 편지를 통해 건물의 설계를 지시하였다. 서당 건물은 남향의 3칸 一자집으로 계획하였다. 건물은 지침에 맞게 부엌, 방, 마루 각 1칸씩, 3칸 一자집으로 만들어졌다. 그러나 자세히 보면 이 집은 3칸이 아니라 4.5칸이다. 서쪽 부엌 부분을 반 칸 늘렸고, 동쪽에는 아예 한 칸을 늘려 마루를 확장하였다.

그럼에도 불구하고 퇴계는 이 집을 3칸으로 생각하였다. 확장된 부분의 지붕은 모두 가적지붕을 달아서 3칸 본체의 맞배지붕에 매달린 꼴이다. 어디까지나 3칸이 임시로 확장된 것이지 원래부터 4.5칸이 아니라는 강력한 표현이다. 늘어난 마루칸의 마루면도 통상적인 우물마루가 아니라 듬성한 줄마루로 구성하였다. 이 역시 임시적인 가설 마루라는 표현이다. 필요한 기능은 다 수용하되 개념과 격식에는 어긋남이 없으려는, 퇴계만이 가질 수 있는 실천적인 관념의 표상이다.

도동서원(道東書院)

대구시 달성구 구지면 도동리, 1605년 설립, 1607년 사액, 보물 제350호

조선 사림파 최초의 순교자로 기록될 만한 김굉필(1454~1504년)을 봉향한 유서 깊은 서원이다. 원래는 1568년 현풍읍 동쪽 비슬산 아래에 쌍계서원이라는 이름으로 창건되었으나 임진란 때 불타 버렸고, 전후 재건하는 과정에서 현재의 위치로 옮기고 이름도 바뀌게 되었다. 이곳의 대니산은 김씨 일가의 선영이 있는 곳이고, 김굉필이 직접 대니산 중턱에 암막을 짓고 선친의 3년상을 지낸 곳이기도 하다. 대니산 아래 낙동강을 굽어 보는 경사지에 서원의 입지를 잡았다. 그런데 이 서원은 북쪽을 향해 앉아 있다. 강 건너 고령 땅의 개진들과 그 들판에 솟은 잘생긴 안산을 바라보는 형국이다.

김굉필은 김종직의 제자이며 조광조의 스승이었다. 스스로 '소학동자'라 칭하면서 예의 실천과 도의 실현을 지고의 가치로 생각하였으며, 무오사화 때 도와 예를 위해 죽음으로써 동방 5현에 오른 인물이다. 현 도동서원의 설립자는 김굉필의 외증손이며 영남학파의 걸출한 예학자인 한강 정구(寒江 鄭逑, 1543~1620년)였다. 모셔진 인물이나 지은 인물 모두 예와 질서를 중요한 규범으로 생각한 이들이다.

그 인물에 그 건축이랄까. 도동서원은 한 마디로 질서와 규범의 정신

으로 꽉 짜여져 조직된 건축물이다. 질서와 규범의 건축적 표현은 통일성과 위계성 그리고 대칭성이다. 아마 이 의도들은 비단 도동서원뿐만 아니라 예학의 시대에 지어진 모든 서원 건축, 더 나아가 성리학적인 건축들의 이상이었을 것이다.

18개의 좁고 긴 석단들로 비교적 급한 경사지의 터를 닦았다. 후에 조성된 수월루(水月樓)를 위한 석단을 제외한다면, 강당과 사당을 위한 두 곳의 평지 사이에 매우 좁은 수많은 석단들이 중첩된 구성이다. 석단들의 동일한 수법이 대지에 통일성을 부여하는 동시에, 석단들의 좁고 넓은 운율이 부분들의 전체성을 확보한다.

석단들로 조성된 터 위에 건물들을 세웠는데 모두가 맞배지붕의 동일한 형태들이다. 사모지붕의 환주문(喚主門)만이 다른 형태지만 워낙 규모가 작아 무시될 정도이며, 최근 중건된 수월루만이 팔작지붕의 형태다. 맞배지붕은 가장 단순한 목조 건물의 지붕 구조이면서도 가장 엄숙하고 견고한 형태이다. 따라서 엄격함과 신성함을 지녀야 할 유교 사당 건물에 잘 어울리는 유형이다. 그렇다고 하지만, 이처럼 모든 건물을 맞배지붕으로 통일시킨 예는 찾아보기 어렵다.

동일한 형태지만 건물들간의 위계 질서는 명확하다. 강당이 가장 크고 높으며, 재실들은 그보다 작다. 강당 영역의 정문인 환주문은 나지막한 1칸 문이다. 강당, 재실, 문간의 순으로 위계화된 질서가 건물의 규모와 격식의 차이로 나타난다.

정확한 직선의 중심축 위에 수월루, 환주문, 중정당(中正堂), 내삼문, 사당이 배열되었다. 서원의 중요한 건물이 모두 중심축선상에 배열된 것이다. 이 정도는 다른 향교나 서원에서도 흔히 발견된다고 한다면, 도동서원은 중심축을 강조하기 위해 특별한 한 가지 장치를 더하고 있다. 좁은 폭의 길과 계단을 모두 중심축선상에 놓았고 잘 정제된 석물들로 마감하여 중심축을 더욱 강조하고 있는 점이다.

도동서원 질서와 규범의 정신으로 꽉 짜여져 조직된 건축물이다. 18개의 좁고 긴 석단들로 비교적 급한 경사지의 터를 닦았다.

　비록 대칭성이 모든 유교 건축의 규범이라 할지라도, 도동서원처럼 한 치의 오차도 없이 정확한 대칭을 이루는 경우는 매우 드물다. 의례 공간뿐 아니라 일상 생활 공간인 고직사(도동서원에서는 전사청이라 부르는 부분)까지도 대칭의 규범을 적용하였다. 이곳의 전사청은 서원의 노복들이 기거하면서 유생들의 음식과 세탁, 청소 등을 수발하던 곳이며, 제사 때에는 제수를 마련하고 참례인들의 숙소로 제공되던 곳이다. 이런 행위들은 전혀 비대칭임에도 불구하고, 전사청은 ㄷ자집으로 가운데 대청을 중심으로 대칭적인 방 배열을 하고 있다. 생활상의 필요에 의해 잦은 변형이 있었고 실질적으로 대칭의 구성이 해체되었음은 물론이다.

강당 건물은 주목할 만하다. 서원 건물치고는 드물게 주심포 형식의 정교한 건물이고 당당한 위풍을 자랑한다. 강당의 기단은 매우 이례적이다. 면석들을 잘고 복잡한 형태로 잘라 마치 퍼즐을 맞추듯이 구성하였다. 기단 중간 중간에는 용머리를 조각하여 끼워 놓기도 하고, 다람쥐와 액자 모양으로 조각한 돌도 끼워져 있다. 서원 건축으로는 지나치게 고급스러운, 그렇지만 대단히 정교한 모습이다. 게다가 강당 측면에는 돌로 만든 툇마루까지 놓여 있다. 강당 기단뿐 아니라, 입구 계단과 사당 앞 계단에도 용머리나 봉황, 연꽃문 등이 새겨져 있어 묘한 미소를 자아낸다.

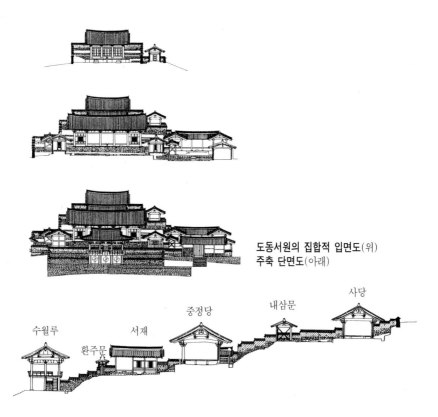

도동서원의 집합적 입면도(위)
주축 단면도(아래)

병산서원(屛山書院)

경상북도 안동시 풍천면 병산리, 1613년 설립, 1863년 사액, 사적 제260호

병산서원만큼 건축계의 관심을 끌고 있는 서원도 드물다. 수많은 건축인, 답사 팀들이 이곳을 찾고 여름이면 건축과 학생들의 설계 학교가 직접 이곳에서 열리기도 한다. 그러나 병산서원에는 이른바 문화재로 지정된 건물이 하나도 없다. 중심 건물이라 할 강당과 사당은 모두 1920년대에 중창한 것으로 전통적인 구조법에서 벗어나 있다. 특징적인 건물이라 할 만대루 역시 7×2칸의 길고 텅 비어 있는 괴상한 건물에 지나지 않는다. 그러면 병산서원의 어디에 건축적인 가치가 숨어 있는 것일까?

입교당 내부 강당인 입교당 내부의 대청과 방 사이에 난 개구부이다. 왼쪽이 창이고 오른쪽은 문이다. 문 뒤에는 방의 이름인 경의재라는 현판을 걸어 놓았다.

그것은 우선 주변을 감싸고 있는 뛰어난 자연 환경에 있다. 갓 피어나려는 꽃봉오리같이 봉긋한 화산을 뒤로하고, 절벽같이 펼쳐진 앞의 병산을 마주보며, 그 사이로는 넓은 백사장과 유유히 흐르는 낙동강을 대하고 있다. 그러나 경치가 좋은 곳이 비단 이곳뿐이랴? 병산서원의 진정한 가치는 그 경치들을 서원 안으로 극적으로 끌어들이고 있으며 건물과 건물들, 건물과 외부 공간의 자연스러운 조직과 집합적인 효과에 있다.

병산서원은 류성룡(1542~1607년)을 기념하기 위해 세운 서원이다. 서애는 인근 하회마을에 있는 충효당의 주인이기도 하고 풍산 류씨의 중흥조이기도 하다. 그는 퇴계의 수제자가 될 정도로 뛰어난 학자이기도 하였지만 일찍부터 관직 생활을 하였기 때문에 직계 제자는 많지 않다. 수제자로는 정경세(鄭經世)가 특출날 뿐이다. 병산서원은 정경세 등의 제자들과 후손들 그리고 풍산 일대의 연관 가문들이 연합하여 설립하게 된다.

병산서원의 전신은 풍악서당이다. 고려 공민왕이 안동 일대로 피난왔을 때 왕의 후원으로 성장한 서당은 현재의 풍산읍 소재지에 있었다한다. 그뒤 류씨 가문의 서당으로 유지되다가 1572년 서애가 인근의 지방관을 역임하던 시절, 병산동의 경승지인 현재의 병산서원 자리로 이건하였다. 이때 서애는 이건의 이유를 "읍내 도로변은 공부하기에 적당하지 않다"고 밝혀 교육 장소에 대한 이상을 엿보게 한다. 그러나 서당은 임진란 때 불타 버렸고, 서애가 죽은 직후 1607년 다시 중건된다. 풍악서당(豊岳書堂)이 서원으로 탈바꿈한 것은 1614년 사당인 존덕사를 건립하여 서애의 위패를 모신 이후다.

서원은 강당군, 사당군, 주소(다른 서원의 고직사)의 세 영역으로 구성된다. 병산서원 건립 당시인 17세기는 예학이 절정에 달하였고, 성리학의 성전인 서원들은 엄격한 좌우 대칭과 중심축을 고수하는 건축 유형을 만들어냈다. 그러나 병산서원은 일반적인 서원 구성과는 판이하게 다르다. 특징적인 것은 강당군과 주소 영역이 나란히 놓이고 그 사이 높은 위치에 사당군을 배열한 구성이다. 이처럼 강당의 중심축과 사당의 중심축이 일치하지 않는 예로는 퇴계의 도산서원을 들 수 있다.

강당군과 주소, 그리고 사당군의 영역적인 관계는 강당 동쪽과 사당군 앞에 위치한 마당에서 절묘하게 맺어진다. 곧 수직적으로는 강당 영역의 위치에 속하면서도, 평면적 위치는 사당군에 속하여 두 영역의 매개체로 기능하고 있다. 이 마당은 평소에는 강당군과 주소 사이의 서비스 동선으로 사용되지만, 제사 때에는 제례를 위해 참가자들이 도열하는 의례용 공간으로 탈바꿈한다. 이 공간은 장소적으로만이 아니라 기능적으로도 통합성을 띠고 있다.

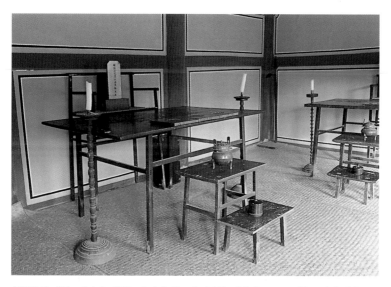

존덕사의 내부 사당의 내부는 술잔과 향로와 제수를 진설하는 크고 작은 3개의 제상으로 구성되었다. 오른쪽의 것은 류성룡의 아들인 류진의 위패와 제상이다.

체험적으로는 거의 느낄 수 없지만, 세 영역의 중심축은 완전한 평행을 이루지 않는다. 정밀하게 측량한 결과에 의하면 3개의 중심축들은 뒤쪽으로 갈수록 오므라지며 그 최종적인 지향점은 바로 뒤편 멀리 있는 화산의 정상부가 된다. 이른바 '미묘한 어긋남'이라고 할까? 그러나 어긋남에는 분명한 이유가 있고, 그것은 건축이 자연과 집합되는 방법론의 출발이었다.

서원 전체는 비대칭의 형상으로 구성되었다. 그러나 세 부분적인 영역은 개별적으로 거의 완벽한 대칭으로 구성된다. 전체의 구성은 건축가의 관심사이며 숨겨진 집합 체계이지만, 각 영역의 구성은 일반 사용자들에게 체험적인 공간이 된다. 이 엄격한 예학자들에게 비대칭의 일상 공간은 허용되지 않는다. 좌우와 상하의 위계가 뚜렷한 강당군이나

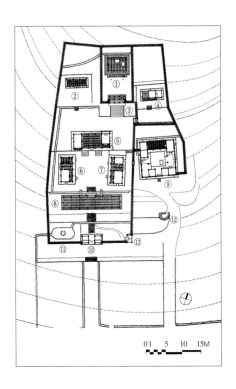

병산서원 배치도

① 존덕사
② 장판각
③ 신문
④ 전사청
⑤ 입교당
⑥ 서재
⑦ 동재
⑧ 만대루
⑨ 주소
⑩ 복례문
⑪ 연못
⑫ 화장실

01 5   10   15M

만대루 만대루는 외부 경관에 대한 시각적 틀이다. 강당 대청 가운데 원장 선생의 자리
에 앉으면 만대루의 마루면과 지붕 사이로 낙동강의 흐름이 포착된다.

신성한 영역인 사당군은 말할 것도 없고, 하인들의 공간인 주소마저도
사대부 살림집인 뜰집 유형을 차용하여 좌우 대칭으로 구성하였다. 영
역군으로서의 병산서원이 갖는 가장 뛰어난 점은 바로 대칭적인 부분
들을 비대칭적으로 집합시켰다는 점일 것이다.

만대루는 병산서원 건축의 꽃이다. 이 텅 빈 누각은 인공적인 서원
건축과 자연 사이의 매개체이다. 비록 서원의 경역 안에 위치하지만,

그 시각적 소속은 외부에 속하기도 한다. 누각의 길이는 강당군의 전면을 뒤덮을 만큼 길다. 현재는 7칸이지만 안마당의 크기가 더 커졌다면 9칸, 11칸도 되었을 것이다. 만대루 평면의 비례를 따지는 일은 무의미하다. 이 건물은 자체로서의 존재 목적이 없기 때문이다. 한때 만대루 위층에 방을 들인 적이 있었지만, 곧 그것이 시행 착오임이 밝혀져 철거되고 말았다. 만대루는 텅 비어 있어 아무런 기능을 갖지 않는 것이 존재 이유다.

만대루는 외부 경관에 대한 시각적 틀(picture frame)이다. 만대루 위에 올라 자연을 음미하는 것도 일품이지만, 강당 대청 가운데 원장 선생의 자리에 꼭 앉아 보아야 한다. 외부의 자연 경관을 수평적으로 나누고 있을 뿐 아니라, 경치를 수직적으로도 쪼개고 있다. 만대루의 마루면과 지붕 사이로는 낙동강의 흐름만이 포착된다. 지붕의 위로는 병산이 독립된 배경으로 나타나고, 마루 밑 아래층으로는 대문간이 들어온다. 정확한 계산에 의해 사람의 통행과 강물의 흐름과 산의 우뚝함을 독자화시킨다.

만대루는 그러한 위치, 그러한 높이로 서 있는 타자를 위한 존재이다. 만대루 자체만 보면 공허한 건물이지만, 자연과 인공의 관계 속에서 비어 있음으로 가득 찰 수 있는 그릇이다.

급증기의 서원들

흥암서원(興巖書院)

경상북도 상주시 내서면 연원리, 1702년 설립, 1705년 사액, 경상북도 기념물 제61호

상주목사를 역임한 송준길(1606~1672년)을 봉향하기 위해 설립된

서원이다. 송준길은 서인계 김장생의 제자였고, 송시열과 함께 기호 사림과 노론계의 쌍두마차였다. 그런 그를 기리기 위한 서원이 영남 사림의 본 고장에 세워졌다는 것은 얼른 이해하기 어렵다. 류성룡의 수제자이자 이 지역의 거목이었던 정경세의 사위라는 지역적인 연고도 있었지만, 당시 집권층인 노론파들이 반대 세력인 영남에 지역적 교두보를 확보하려던 의도가 아니었나 추정되기도 한다.

영남 속의 기호학파 서원답게 색다른 특징이 나타난다. 같은 지역의 금오서원이나 옥동서원과는 입지와 구성이 다르다. 이 지역의 서원이나 향교는 대개 급한 경사지에 자리잡아 건물간의 위계를 높이차에 의해 표현하는 것이 일반적인 방법이다. 이에 반하여 흥암서원은 낮은 동산 앞 널직한 평지에 자리잡았다. 따라서 문루도 두지 않고 작은 외삼문을 정문으로 삼았다. 대신 강당이 크고 높아 누각의 역할까지 겸한 것으로 보인다.

또 하나의 특징은 동재와 서재를 강당 뒤에 배열한 이른바 전당후재형의 배치 형식을 따른 점이다. 전당후재형은 일반적으로 충청도와 전라도의 서원이나 향교의 지역적인 형식으로 자리잡았다. 이에 비해 경상도의 향교와 서원은 전재후당을 원칙으로 삼았다. 흥암서원이 경상도에 있으면서도 전당후재형을 따른 것은 이 서원

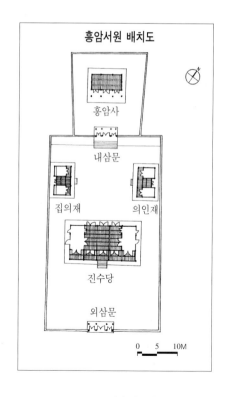

흥암서원 배치도

흥암사

내삼문

집의재   의인재

진수당

외삼문

0   5   10M

흥암사 흥암서원의 사당으로 장
대석 3벌대의 당당한 기단이 인상
적이지만 상부 건물의 구조와 부
재는 빈약하다. 오른쪽은 현판.

의 주향자와 운영 주체가 서인계라는 정치적, 학맥적 이유에서 기인하
는 것은 아닐까?

　중심축선상에 외삼문, 강당인 진수당(進修堂), 내삼문, 사당인 흥암
사(興巖祠)를 배열하고 동서재인 의인재(依仁齋)와 집의재(集義齋)를
강당과 사당 사이에 배치하였다. 강당 뒤(사당 앞)의 마당이 중심 공간
이기 때문에, 강당의 앞면은 물론 뒷면도 정면의 역할을 한다. 강당의
주출입구도 앞뒤 모두에 마련되어 있다. 서쪽 별도의 경역에 세워진 어

진수당 내부의 지붕틀
대들보 위에 세워진 항
아리 모양의 동자대공이
장식적이다.

서비각(御書碑閣)은 1716년 숙종이 어서를 하사한 영광을 기념하기 위
한 건물이다.

5×3칸의 강당 건물은 칸 규모도 크지만 칸살의 넓이가 넓어서 서원
건축으로는 대단히 큰 규모에 속한다. 현재는 모두 마룻바닥으로 바뀌
었지만, 원래는 양쪽 끝에 온돌방을 두고 사이에 대청이 있는 구조였
다. 앞의 툇마루를 제외하고는 대청의 외벽까지 모두 살창을 달아서 폐
쇄적인 외관을 갖는 것도 충청도와 전라도 지방의 건축에 가깝다. 그리
고 팔작지붕의 이익공 구조 건물로 기둥 사이에서 지붕틀을 받는 화반
등의 조각이 화려하여 장식화의 경향도 짙다. 또한 정제된 기단 위에
잘 다듬은 정평주초를 올린 것도 서원의 강당 건물로는 이례적이다. 이
건물의 진수는 내부 공간에 있다. 우선 지붕 도리를 7개나 보낸 대규모
구조 체계를 취하였고(이 정도의 건물은 보통 5량 구조임) 우람한 부
재들이 당시 흥암서원이 누리던 위세를 보여 준다. 특히 대들보 위의
동자대공은 항아리 모양으로 조각한 유머러스한 부재이다.

3칸 규모의 의인재는 방, 마루, 방으로 구성된 평범한 건물이다. 맞
은편 집의재는 부엌을 덧붙여 4칸이 되었고, 앞의 툇마루를 없애 의인
재와 구별된다. 제례 때 편리하도록 최근 전사청의 역할로 개조한 듯하

다. 사당인 홍암사는 장대석 3벌대의 당당한 기단이 인상적이지만 상부 건물의 구조와 부재는 빈약하다.

옥동서원(玉洞書院)

경상북도 상주시 모동면 수봉리, 1714년 설립, 1789년 사액, 경상북도 기념물 제52호

옥동서원의 전력은 약간 복잡하다. 1518년 이 지방 유림들은 방촌 황희(厖村 黃喜, 1363~1452년)와 황맹헌(黃孟獻), 황효헌(黃孝獻)을 기리기 위해 사우를 창건하고 백화서원이라는 이름으로 출발하였다. 그뒤 1580년에는 황희의 영당을 건립하여 향사를 지내 왔고, 1714년

청월루에서 본 온휘당 전형적인 5칸 강당이며 동서재가 없다. 사당이 강당에 비해 크고 높아서, 제향 중심으로 기능이 변한 18세기 초 서원 건축의 형식을 대표한다.

청월루　옥동서원의 가장 특징적인 건물이다. 회보문이라는 이름의 아래 출입구는 3칸. 위의 누각부는 5칸이다. 양 옆 축대 위에 다리를 놓듯이 세운 복합 건물이다.

전식(全湜)을 추가 배향하면서 현재의 위치로 옮겨 정식으로 서원의 격식을 갖추었다. 사우와 영당에서 출발하여 훨씬 뒤에 서원으로 격상된 사례이다. 조선 초의 명재상으로 이름을 떨친 황희의 본관은 장수이고 출생지는 개성이다.

신미존치 서원이라고는 하지만 원형은 많이 훼손되어 누문인 청월루(清越樓)와 강당인 온휘당(蘊輝堂), 사당인 경덕사(景德祠) 정도가 남아 있다. 강당 뒤에 최근에 지은 3칸의 전사청이 있다. 담장 바깥으로 오히려 고사(庫舍)와 화직사(火直舍), 묘직사(廟直舍) 등 부속 시설이 많고 약간 떨어진 곳인 금강 가에 팔각정을 부속 정자로 소유하고 있다. 세분화된 부속 시설은 창고지기, 불지기, 사당지기 등 분화된 역할을 맡은 서원 노비들이 기거한 곳이다.

사당이 강당에 비하여 크고 높아서, 제향 중심으로 기능이 변한 18세기 초의 건축 형식을 대표한다. 사당의 전면에는 영쌍창과 영쌍문이 달리고 옛 기법의 초익공 구조가 남아 있어 설립 당시의 건물임을 나타낸다. 사당에 비한다면 강당은 약간 초라한 감이 있다.

가장 특징적인 것은 문루 건물이다. 위층의 누 부분은 5×2칸 규모지만, 아래층은 3×2칸으로 2칸이 줄어든다. 아래층은 담장에서 연결된 축대가 양 끝칸을 채우고 있고 이 부분은 위층에 들인 온돌방의 구들부가 된다. 다시 말해 2층 누각에 온돌방을 들이기 위해 구들을 조성하면서, 동시에 아래층은 칸수를 줄여 3칸의 외삼문을 구성하는 절묘한 구조이다. 외형적으로는 마치 양쪽에 육중한 축대를 쌓고 그 위에 마루판을 올린 다리와 같은 형태이다. 금오서원에서 말한 바대로 선산과 상주 지역의 고설식 누각의 또 다른 형식이다.

아래층 3칸에는 대문을 달아 회보문(懷寶門)이라 이름짓고, 위층의 3칸 마루는 청월루, 남쪽방은 진밀료(縝密寮), 북쪽방은 윤택료(潤澤寮)의 이름이 붙었다. 위층에 있는 2개의 온돌방 곧 진밀료와 윤택료는 동서재와 같은 역할을 담당한다. 강당 좌우에 독립된 건물로 있어야 할 양재가 2개의 방으로 축소되어 누각에 붙은 것이다. 교육 기능이 사라져 정식 재실이 필요없게 된 18세기, 제향 서원을 위한 경제적이고 건축적인 아이디어다. 따라서 옥동서원의 누각은 '대문, 누각, 동서재'의 네 건물이 갖는 기능을 한 건물에 축약시킨 복합적인 건물이다.

돈암서원(遯巖書院)

충청남도 논산시 연산면 임리, 1633년 설립, 1660년 사액, 1881년 이건, 충청남도 유형문화재 제8호

대전-논산 지역은 17, 8세기 정계를 풍미한 서인들의 본거지다. 이이의 제자인 김장생(1548~1631년)을 필두로 김집(金集, 1574~1656

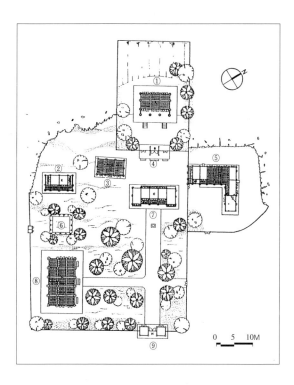

돈암서원 배치도

① 유경사
② 정회당
③ 장판각
④ 내삼문
⑤ 산앙루
⑥ 연못
⑦ 양성당
⑧ 응도당
⑨ 외삼문

0   5   10M

장판각과 양성당 뒤로 보이는 유경사 다른 부분의 휑한 구성과는 달리 유경사는 매우 아늑하고 고요하다. 이곳은 평지이기 때문에 큰 응도당에 사당이 가려지지 않기 위해 뒷산을 등진 위치에 사당 영역을 배열하고 떨어진 곳에 직각 방향으로 응도당을 놓았다.

년)과 송시열과 송준길로 이어지는 서인 노론 계보의 중요 인물들이 모두 이 지역 출신이고, 송시열의 제자면서도 나중에는 소론의 영수가 된 윤증(尹拯)도 이 지역 인물이었다. 김장생을 봉향한 돈암서원은 그의 아들인 김집, 송준길, 송시열 등 노론의 영수들이 모두 배향한 유서 깊은 곳이다. 창건 이전에도 김장생의 아버지인 김계휘(金繼輝)가 연산 지역에 정회당(靜會堂)을 설립하여 강학을 하였고, 김장생 역시 생전에 양성당(養性堂)을 세워 학풍을 일으켰다. 정회당과 양성당을 중심으로 돈암서원이 창건되기에 이른다.

완만한 능선으로 둘러싸인 너른 평지에 자리잡은 현재의 돈암서원에는 여러 건물들이 산재하듯이 배열되어 있다. 비교적 중심축이라 할 수

내삼문 사당 영역에 들어가는 안대문이다. 보통은 3칸의 소슬대문 형식으로 구성되지만 돈암서원에서는 3개의 문으로 분리시켰다. 들어갈 때는 동쪽문, 나올 때는 서쪽문을 사용하는 '동입서출'의 예법을 따랐다.

있는 선상에는 외삼문, 강당인 양성당, 내삼문, 사당인 유경사가 놓여져 서원 건축의 꼴은 갖춘 셈이다. 강당 뒤편 북쪽에는 ㄱ자형의 산앙루(山仰樓, 사마재)가, 강당 뒤편 남쪽에는 장판각이 비스듬히 놓였다. 그 남쪽으로는 연못과 정회당을, 그리고 연못 동쪽으로 대단히 커다란 또 하나의 강당인 응도당(凝道堂)이 놓여 있다. 건물들의 방향은 제각각이고 배열도 매우 듬성듬성하여 일정한 질서나 짜여진 공간적 위계를 찾을 수 없다. 김장생은 기호학파의 예학을 정립한 예론의 대가이다. 배향된 세 인물 모두 예와 질서를 중요시한 성리학의 근본주의자들이었다. 그들을 봉향한 노론의 본거지 서원이 이처럼 무질서하다는 것은 쉽게 납득할 수 없을 정도다.

응도당 칸살이 넓고 높이가 훤칠
한 건물이다. 본체는 매우 높은
맞배지붕을 이루며, 양 측면에 가
적지붕을 단 희귀한 형태를 취하
였다. (위)

응도당의 장식 부재 주심포 구조
의 첨차와 화반들이 마치 절집에
서 표현되는 것과 같이 매우 장식
적이다. (오른쪽)

돈암서원에 얽힌 역사는 매우 혼란스럽다. 일설에 의하면 창건 당시에는 사당, 강당(응도당), 장판각, 산앙루가 있었으며 정회당은 후에 건립되었다고 한다. 양성당은 본래 여기서 조금 떨어진 임리 249번지에 이 서원과 같이 운영되던 강당 건물이었는데 뒤에 돈암서원 경내로 옮겨지면서 응도당 대신 강당으로 사용되었다고 한다. 이 설을 따르면 원래의 응도당과 양성당은 현재 이름을 바꾸어 달아 사당 앞의 것이 양성당, 별도의 큰 강당이 응도당이 되었다고 해석된다. 또 하나의 설에 따르면 원래 돈암서원 자리는 지형이 낮아 잦은 침수 피해를 입었는데 1881년 가까운 거리에 있는 보다 높은 자리인 현재의 위치로 이전하였다고 한다. 또한 현 강당인 양성당은 1970년에, 장판각과 외삼문은 1974년에 이건한 것이라고도 한다. 한마디로 단언할 수 없을 정도로 종잡기 어렵다.

현재의 설들과 건물들의 배열 상태를 종합한다면 다음과 같이 추정할 수 있다. 원래 돈암서원의 자리가 다른 곳이었던 것은 분명하다. 이건 이전의 돈암서원은 경사지에 자리잡았고, 규모가 큰 양성당(현 응도당)이 사당 앞에 있었지만 사당보다 낮은 곳에 위치하였기 때문에 큰 문제가 없었다. 그러나 대원군의 서원 철폐령이 휩쓸고 지나간 1880년 경 이곳으로 이전하면서는 사정이 달라졌다. 이곳은 평지이기 때문에 커다란 양성당(현 응도당)을 사당 앞에 세우면 사당을 완전히 가려 보이지 않게 된다. 하는 수 없이 뒷산을 등진 위치에 사당 영역을 배열하고 뚝 떨어진 곳에 양성당을 직각 방향으로 놓을 수밖에 없었다. 서원 기능이 사라졌기 때문에 동서재는 아예 이건하지도 않았다. 아무래도 서원 꼴이 제대로 잡힐 리 없었다. 1970년에 인근 어디에선가 강당 용도로 적합한 규모와 형태의 건물인 응도당(현 양성당)을 이건하여 사당 앞에 놓아 서원의 격식을 차리고, 기존 양성당과 현판을 바꾸어 달아 지금의 모습이 되었다. 마치 한 편의 추리소설을 쓰는 듯하다.

왜 이곳으로 1881년에 이건하였는지, 왜 두 강당이 이름을 바꾸어 달아 혼동을 일으키는지, 그리고 앞서의 추리가 정확한 사실인지는 앞으로 정밀한 조사와 연구가 진행되어야 밝혀질 것이다. 어쨌든 노론계의 복잡한 역사만큼이나 의문과 추정이 많은 서원이다. 석연치 않은 배경에도 불구하고 돈암서원의 건축은 2가지 주목할 부분이 있다.

첫번째는 현존 강당 건물로는 가장 크고 복잡한 응도당 건물이고, 두번째는 매우 완성도가 높은 사당 영역의 구성이다. 응도당은 5×3칸의 규모로 칸살이 넓고 높이가 훤칠한 건물이다. 현재는 모두 마룻바닥으로 구성되었지만, 이건 이전에는 양측에 온돌방을 들였던 흔적이 뚜렷하다. 현재는 제일 뒷칸 좌우에 벽을 막아 마루방같이 구성한 이상한 형태이다. 낮은 장대석 기단과 원뿔형의 초석도 상부 목조 가구와는 어울리지 않아 이건 때 변형된 것으로 보인다. 본체는 맞배지붕으로 매우 높은 지붕을 이루며, 양 측면에는 가적지붕을 달아 희귀한 형태를 취한다. 인근 노강서원 강당 건물도 이런 형태를 취하고 있어 이 지역 서원 건축의 한 유형이었을 가능성이 높다.

큰 규모 못지않게 구조와 장식도 화려하다. 기둥 상부에는 주심포 구조의 첨차가 결구되어 서원 강당으로는 최고의 격식을 가졌고, 연꽃 줄기 모양으로 첨차를 조각하여 역시 최고의 장식성을 드러낸다. 내부 구조 부재들은 대단히 굵고 견고하며, 용마루 밑에는 화려하게 조각된 복화반대공이 받치고 있다. 처마에는 부연까지 달아 절검 정신을 우선으로 하는 서원의 건물로는 지나치게 화려하다. 역시 노론계 최고의 서원으로서 위풍을 과시하는 것인가?

반면 사당 영역은 대조적이다. 우선 건물의 규모와 마당의 크기, 담장의 높이들이 적당해 인간적이고 친숙한 스케일을 형성한다. 사방 담장을 둘러 독립된 영역 속에 조용하고 정숙하게 사당 건물이 자리잡았다. 장대석 4벌대의 깔끔하게 가공된 기단, 그 앞에 대칭적으로 높인 5

단의 두 통돌계단, 마당에 놓인 한 쌍의 정료대, 또 한 쌍의 사각 관세대, 3건물로 분리된 내삼문 등 모든 구성 요소가 대칭적으로 놓이면서 빠짐없이 갖추어졌다. 예와 질서, 경과 절제의 정신이 구현된 최고의 의례 공간을 이룬다.

사당 전면의 담장도 이채롭다. 회벽 사이에 전돌을 박아 여러 기하학적 문양을 만들고 있는 고급스러운 꽃담으로, 역시 서원 건축에서는 찾아보기 어려운 장식이다. 현 양성당 뒤와 사당 내삼문 사이의 공간은 장판각과 사마재가 둘러쌈으로써 아늑한 의례용 마당이 되었다. 강당 앞쪽의 휑한 외부 공간과는 대조적인 곳이다.

노강서원(魯岡書院)

충청남도 논산시 광석면 오강리, 1675년 설립, 1682년 사액, 충청남도 유형문화재 제30호

돈암서원이 노론계의 근거지였다면, 인근의 노강서원은 파평 윤씨를 중심으로 한 소론계의 본거지였다. 원래 인조 때 이조참의를 지낸 윤황(1571~1639년)을 봉향한 서원이었으나, 그 뒤 파평 윤씨 일가의 가문 서원같이 운영되었다. 윤황의 아들인 윤선거(尹宣擧), 윤문거(尹文擧) 형제와 윤선거의 아들인 윤증을 추후 배향하였다.

논산의 노성면 일대는 파평 윤씨의 세거지로서 소론의 영도자로 유명한 윤증을 배출한 곳이기도 하다. 현재에도 윤황과 윤증의 고택이 온전히 남아 있다. 노강서원이 입지한 오강마을 역시 윤씨들의 세거지 가운데 하나다.

마을 가운데에 위치한 노강서원은 낮은 능선을 등지고 앞에 넓은 들을 마주하고 있다. 깊게 형성된 진입로 어귀에는 예스런 홍살문이 서서 서원의 입구임을 알린다. 중심축선상에 강당과 사당을 놓았고, 강당 앞 좌우로 동서재를 배열하였다.

노강서원 강당 돈암서원의 응도당과 같은 형식이다. 5칸 맞배지붕의 몸체 좌우로 가적지붕이 붙고, 높은 바닥면 등이 이 지방 강당 건축의 지역적인 형식을 엿보게 한다. (위)

강당의 장식 부재 공포 형식은 익공계가 변형된 주심포식이며 기둥 사이에 복화반을 설치하여 장식적인 경향을 드러낸다. (왼쪽)

일견 무질서한 돈암서원의 이건 전 원형을 노강서원에서 찾을 수 있다. 5×3칸 규모의 강당은 서원 전체에 비하여 크고 높다. 가운데 3칸 대청의 양 옆에는 온돌방을 들였고, 기단도 높고 계단이 우람하다. 몸체의 지붕은 맞배지만 양 측면에 가적지붕을 달아 얼핏 팔작지붕같이도 보인다. 돈암서원의 응도당(원 양성당)의 모습과도 흡사한데 규모만 상대적으로 작을 뿐이다. 공포 형식은 익공계가 변형된 주심포식이며 기둥 사이에 복화반을 설치하여 장식적인 경향도 드러낸다. 그러나 격식과 가공도는 돈암서원의 응도당에 비해 떨어진다.

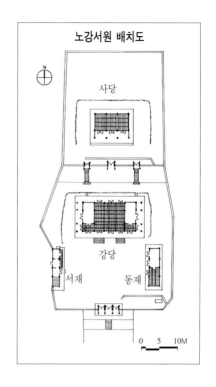

노강서원 배치도

사당

강당

서재 동재

0 5 10M

강당 앞의 동재와 서재는 최대한 사이를 벌려서 마당 끝으로 밀려나 담장에 붙어 있다. 서원 전체 규모에 비해 스케일이 큰 강당에 맞추어 넓은 앞마당을 만들려는 노력으로 볼 수 있다.

사당으로 오르는 내삼문도 3개의 건물로 분리되어 있다. 돈암서원과 마찬가지이다. 깔끔한 장대석 기단과 원형 쇠시리가 조각된 초석, 사당 앞 좌우에 대칭으로 놓인 한 쌍의 정료대 등 돈암서원 사당의 구성과도 일맥상통한다. 그러나 노강서원의 사당은 강당보다 한 단 높은 곳에 놓였기 때문에 커다란 강당이 장애가 되지 않는다. 돈암서원의 이건 전 모습도 이랬을 것이다.

필암서원(筆巖書院)

전라남도 장성군 황룡면 필암리, 1590년 설립, 1624년 복원, 1662년 사액, 1672년 이건, 사적 제242호

호남 지방에 남아 있는 서원 가운데 가장 유서 깊고 규모도 큰 대표적인 곳이다. 호남 사림의 태두라 할 수 있는 김인후를 봉향한 서원으

우동사 쪽에서 본 청절당 앞면 전체에 분합문을 달아 여름에 모두 들어올리면 확연루에서 사당까지 시선이 통과하게 된다.

로 창건되었다. 창건 당시에는 인근 장성읍 기산리 기산 밑에 입지하였다. 임진란 때 소실된 것을 1624년 복원하였으며, 1672년 현 위치인 필암리 증산 밑으로 이건하였다. 송시열이 쓴 「서원이건봉안문」에는 '이건 전의 서원에서는 제사지낼 곳이 비좁고 경사져 있었다'고 하고 장마 등에도 안전하지 못하였기 때문이라 한다.

이건 전에도 현재의 구성과 거의 유사하였다고 전하며, 단지 경내에 정자와 연못을 조성한 정도가 현재와 차이가 났다고 한다. 그러나 경사지에 맞추어진 건축 구성이 현재와 같이 평지에 그대로 옮겨 왔다고 보기는 어렵다. 단지 건물들의 종류가 이건 전과 같다고 봐야 할 것이다.

낮은 언덕을 기대고 넓은 들판을 마주보며 자리잡은 입지이다. 서원 앞에는 적당한 빈터가 마련되었고 홍살문과 하마석을 세워 입구를 강조한다. 남향으로 자리잡은 중심축선 위에 문루인 확연루와 강당인 청절당(淸節堂), 내삼문, 사당인 우동사(佑東祠)를 배열하였다. 강당의 뒤편 좌우에 동재인 진덕재(進德齋)와 서재인 숭의재(崇義齋)를 대칭으로 배치하여 전당후재의 전형을 이루었다. 내삼문 옆으로는 경장각(敬藏閣)을 두어 임금이 하사한 어필을 보관하고, 경장각과 대칭되는 위치에 묘정비인 계생비(繫牲碑)를 세워 균형을 이룬다. 여기까지를 서원의 중심 영역이라 할 수 있다.

호남의 중심 서원으로서 큰 규모를 가졌던 필암서원은 몇 개의 부분적인 영역을 구성할 필요가 있었다. 강당과 내삼문으로 이루어지는 중심 영역은 물론이고, 그 앞의 누각과 강당 사이의 비어 있는 마당이나

청절당을 통해 본 우동사 낮은 담장에 비해 훤칠하게 높은 맞배지붕이 위엄을 더한다.

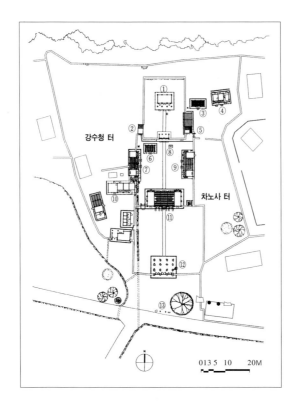

필암서원 배치도

① 우동사
② 전사청
③ 장판각
④ 한장사
⑤ 장서각
⑥ 경장각
⑦ 숭의재
⑧ 계생비
⑨ 진덕재
⑩ 고직사
⑪ 청절당
⑫ 확연루
⑬ 홍살문

강수청 터

차노사 터

013 5 10   20M

내삼문 안의 독립적인 사당 영역들이 중심축상의 세 영역을 이룬다. 또 좌우로는 고직사 영역, 사당 옆의 장판각과 한장사(汗掌舍) 영역 그리고 지금은 비어 있지만 고직사 안쪽의 강수청 영역과 장판각 앞쪽의 차노사 영역 등 모두 7개의 독립된 영역들로 전체를 구성하였다. 이들 영역 간의 경계는 물론 높지도 낮지도 않은 담장이었다.

만약 필암서원이 경사지에 입지하였더라면, 이런 부분 영역들은 대지의 높이차에 의해 자연스레 구획되었을 것이다. 그러나 평지에 입지한 관계로 담장이 발달하게 되었고, 자연히 영역과 영역 사이를 연결하는 작은 협문들이 발달할 수밖에 없었다.

　문루인 확연루를 들어서면 강당 앞에 펼쳐진 넓은 마당에 면한다. 이 마당은 별도의 의례가 행해진 곳은 아니다. 동서재가 강당 뒤에 배열된 전당후재형의 배치에서 강당까지 이르기 위한 과정 공간으로서의 역할이 더 큰 것으로 보인다. 실제로 확연루에서 보이는 강당은 정면이 아니라 배면이다. 주된 강당 출입부는 뒤쪽에 나 있으므로 뒤쪽이 정면이 된다. 강당의 앞쪽은 창호로 막혀 있지만, 뒤쪽은 사당 쪽을 향하여 벽체 없이 개방되어 있다.

　뒤쪽의 정면으로 진입하려면 강당의 서쪽 마구리를 돌아 들어가야 한다. 여기에 설치된 협문을 들어서면 가장 먼저 시야에 들어오는 것이 바로 어필을 보관한 장경각이고 그 뒤로 내삼문이 보인다. 그만큼 장경각이 차지하는 서원 내의 위상은 높은 것이고, 진입 때 시선의 초점을 형성한다. 일단 주마당 안으로 들어서면 동재와 강당의 뒷면(정면)을 돌아볼 수 있고, 조금 주의를 기울이면 사당 담장을 끼고 동쪽 모퉁이에 장서각, 서쪽 모퉁이에 전사청의 마구리를 볼 수 있다. 이들 앞을 지나면 장판각 영역과 옛 강수청 영역으로 들어서게 된다. 틈새와 모퉁이를 잘 활용하여 공간의 흐름을 확장하려는 고도의 솜씨이다.

　3×1.5칸 규모의 사당은 앞퇴를 비운 형식을 취하고, 낮게 감싼 담장에 비해 훤칠하게 높은 맞배지붕이 위엄을 더한다. 사당 건물 전면에는 거북등 모양의 귀갑문살창을 달고 창호지를 발랐다. 사당 건물로는 너무 장식적이지 않나 싶을 정도이다. 사당 마당에 놓인 정료대는 팔작지붕을 가진 석등형으로 조선조 석물의 전형적인 모습을 보인다.

　5×2칸 규모의 강당은 앞서 말한 대로 입구 쪽에서 볼 때 앞쪽이 뒷면이고, 뒤쪽이 정면이다. 전당후재형의 당연한 결과다. 앞면 전체에 분합문을 달아 여름에 모두 들어올리면 확연루에서 사당까지 시선이 통과하게 된다.

좌우 동서재는 4×1.5칸 규모로 길쭉하고 평활한 형태이다. 두 건물 모두 전면에 툇마루를 깔았는데, 마루면의 높낮이가 미세하게 변화하여 모종의 위계를 나타낸다. 다시 말해 양끝 방쪽의 툇마루가 가운데 대청 부분보다는 높게 되어 내부 기능의 위계를 따랐다고 할 수 있다.

3×3칸의 확연루는 누각치고 깊이가 깊다. 아래층을 정문으로 사용하기 때문에 서원에 진입하면서 깊이감을 느끼라는 의도도 있지 않았을까. 평지에 선 누각답게 높지는 않지만 울퉁불퉁한 자연석을 덤벙주초로 삼아 굵고 짤막한 아름드리 기둥들이 누각을 받치고 있는 장면은 매우 힘에 넘친다. 전당후재형에 알맞는 배치 계획뿐만 아니라, 평지 누각의 적절한 형식을 보여 주고 있다는 점에서 필암서원의 건축사적인 가치는 매우 높다.

무성서원(武城書院)

전라남도 정읍시 칠보면 무성리, 1696년 설립, 1696년 사액, 사적 제166호

무성서원이 설립되기까지는 매우 긴 역사를 가지고 있다. 고려시대에 최치원(857~?)을 기리기 위한 사당인 태산사를 창건하였다가, 1481년 향학당이 있던 지금의 자리로 이전하였다. 그뒤 신잠을 위한 생사당(生祠堂, 살아 있는 인물을 위한 사당)을 짓고 이어서 정극인, 안세림, 정언충, 김약묵, 김관 등을 추가로 배향하였다. 1696년 최치원과 신잠의 두 사당을 병합하고 서원으로 개편하여 오늘에 이른다. 2개의 사우 건축에서 시작하여 확대된 서원이며, 강학을 위주로 한 일반서원 건축과는 다른 구성을 하고 있다.

마을 안 낮은 구릉을 등지고 평지에 입지한 경내에는 문루인 현가루(絃歌樓)와 강당인 명륜당 그리고 사당인 태산사(泰山祠)만이 중심축 선상에 놓여 있고, 재실들과 전사청은 담장 밖에 산재한다. 5칸 강당 가운데 3칸 대청은 앞뒤 모두 벽이나 문이 없어 앞뒤로 시야가 훤히 트

무성서원 무성서원 강당인 명륜당의 대청은 앞뒤가 완전히 개방되어 마치 카메라에 포착되듯 사당의 전경이 드러난다. 무성서원과 같은 구성은 제향 기능이 위주가 된 후기의 서원 건축에서 나타나고, 사당에 강당이 부속된 듯 보인다.

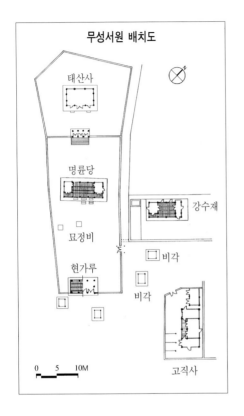

무성서원 배치도

태산사

명륜당

묘정비

현가루

강수재

비각

비각

고직사

0 5 10M

인다. 따라서 마당에서 바라보면 강당을 투과하여 사당의 내삼문이 바로 보이며, 사당 영역이 모든 시선의 중심을 이룬다. 특히 강당 마당 중앙에 묘정비를 세워서 사당으로 향하는 중심축선을 더욱 강조하고 있다. 제향 위주의 서원다운 구성이다.

원래는 경내에 동재인 강수재와 서재인 흥학재가 있었던 것으로 보이지만, 잦은 중건과 중수 과정에서 경내가 축소되고 담장 바깥에 강수재만 독립적으로 위치하게 되었다. 담장 바깥에는 여러 기의 비각들이 서 있어서 이 서원에 관계된 인사들이 많았던 사실도 알 수 있다.

사당인 태산사는 1884년에 중수하였고, 강당인 명륜당은 1828년에 중건하였는데 두 건물 모두 소박한 규모와 형태를 띠고 있고, 기단과 건물 높이도 낮아 대지에 밀착된 듯 평활한 외형을 갖는다. 이러한 수평적 조형은 충청도와 전라북도 지방 건축의 지역 특성으로 이른바 '평지형' 건축의 비례 감각이다.

문루인 현가루에서 평지성의 전통은 여실히 드러난다. 누각을 세우고 그 아래로 출입문을 만든 발상은 평지라는 대지 조건과 잘 맞지 않는다. 2층 규모의 누각을 평지에 세우면 뒤편의 강당과 사당 부분이 가려지고, 강당에서의 경관도 장애가 되기 때문이다. 그렇다고 누각의 층고를 낮추면 출입하기가 불가능하다. 높아도 안 되고 낮아도 안 되는 평지 누각의 조건은 무척 까다롭다. 현가루는 간신히 출입이 가능할 정도로 층높이를 최대로 낮추어 이 문제를 해결하였다. 결과적으로 낮고 왜소한 모습을 가져서 누각으로서의 당당함은 찾아보기 어렵다.

창절서원(彰節書院)

강원도 영월군 영월읍 영흥1리, 1685년 설립, 1709년 사액, 강원도 유형문화재 제27호

강원도 유일의 신미존치 서원인 창절서원의 내력도 기구하다. 1685년 단종릉인 장릉(莊陵)을 개수하면서 이 지방 관리들은 사육신(死六臣)의 사당을 장릉 경내에 세우게 된다. 이때는 아직 단종이 복권되지 않은 때여서 지방 사람들에게 통문을 돌려 마련한 기금으로 사당 건축 비용을 충당하였다. 1699년 드디어 단종이 복위되어 왕릉 경내에 신하들의 사우인 육신사가 있다는 것이 예에 어긋난다 하여 현 위치로 옮기게 되었고 '창절사'라는 명칭을 사액받는다. 창절사가 창절서원으로 개편된 것은 1823년의 일이다. 이

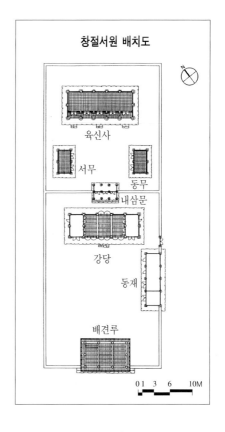

창절서원 배치도

육신사
서무
동무
내삼문
강당
동재
배견루

0 1 3 6   10M

미 이 시기는 서원 정비기로 접어들어 극소수의 서원만이 새로 설립될 때였다.

그뒤에 단종의 시신을 수습하여 몰래 장례를 지낸 엄흥도(嚴興道)와 단종 복위 사건의 희생자 금성대군(錦城大君)과 화의군(和義君)을 배향하였으며, 생육신의 위패도 추가로 배향하였다. 단종에 관련된 모든 충절의 인물들이 봉향된 것이다. 모두 15위가 넘는 위패를 봉안하기 위해서 5칸의 사당 건물을 마련하였다.

현존 서원의 사당 건물 가운데는 가장 큰 규모이다. 그것도 모자라 사당 앞 좌우에 2칸씩의 동무와 서무를 배치하여 사당 건물에서 수용하지 못한 위패들을 봉안하였다(현재 동서무는 제향 때 전사청으로 쓰인다). 현재 사당 건물 안에는 사육신 6위와 생육신 가운데 김시습(金時習), 남효온(南孝溫)의 2위 그리고 박심문(朴審問)과 엄흥도 등 모두 10위의 위패가 봉안되었다. 이곳에는 이른바 주향자가 없이 10인 모두 동등하게 봉향되었다는 특색이 있다.

창절서원은 사우가 서원으로 변화된 중요한 예이고, 또 당시 사우와 서원간의 건축적 차이가 거의 없었다는 점도 입증한다. 현재의 건물들은 1892년과 1991년대의 대대적인 보수를 거친 상태여서 설립 당시의 모습이라 보기는 어렵다. 장릉에서 영월 읍내로 들어가는 어귀 삼거리에 위치한다. 사발을 엎어놓은 것 같은 뒷산에 기댄 평지를 택하여 입지하였다. 장방형의 기다란 경내에는 축선상에 문루인 배견루와 강당, 내삼문, 사당인 육신사를 배치하였고 강당 앞 동쪽에 4칸 규모의 동재를, 사당 앞 좌우에 동서무를 배치하였다. 3칸 배견루는 정문을 겸하지만 평지 누각답게 층고가 낮고 벽체를 두르지 않아 개방적이다.

5칸 강당의 가운데 3칸은 대청이다. 현재는 전면에 창호를 달고 뒤벽을 막아 내부화되었지만, 대청 상부에만 창방이 있는 것으로 미루어 원래는 앞뒤의 벽이 모두 개방되었던 것으로 보인다. 그렇다면 바로 뒤

창절서원 육신사 전면 5칸의 규모로, 조사된 서원의 사당 가운데 가장 크다(위). 일반적으로 사당의 규모는 봉안된 신위의 수에 비례하는데 창절서원에는 사육신 등 총 10위의 신위를 봉안하였다. (아래)

내삼문과 사당 영역으로 시선이 투과될 수 있는 무성서원과 같은 구성이었을 것이다.

파산서원(坡山書院)

경기도 파주군 파평면 눌로리, 1568년 설립, 1650년 사액, 경기도 문화재자료 제10호

남한에 있는 신미존치 서원 가운데 가장 북쪽에 있다. 여기에 봉향된 청송 성수침(聽松 成守琛, 1493~1564년)은 조광조의 문인으로 도학과 청절로서 이름이 높은 당시 기호 사림의 대표적인 존재였다. 그렇기 때문에 이 서원은 설립 이후 기호 사림의 중심으로 북부 경기의 서인

파산서원 사당 한국전쟁 때에 서원 전체가 불타 버린 후 사당 부분만 복원되었다.

본거지가 되기도 하였다. 그러나 성수침의 아들 성혼(成渾)이 동인의 미움을 샀기 때문에 설립한 뒤 1세기경이 지나서야 비로소 사액을 받게 된, 정치적 갈등이 얽혀 있는 서원이다. 뒤에 성수침의 아우인 성수종(成守琮), 아들인 성혼, 그리고 설립자인 백인걸(白仁傑)을 추가로 배향하였다.

개울이 흐르는 넓은 들을 앞에 두고, 비교적 높은 산자락 아래의 평지에 자리잡았다. 서원 앞 들판은 원래 논이었으나 지금은 흙을 돋워 넓은 주차장을 만들었고 개울도 오염되어 흥취가 반감되었다.

파산서원은 아쉽게도 한국전쟁 때 불에 탔고, 1966년 사당만 복원되었다. 그뒤 사당 옆에 재실을 새로 지었지만 옛 격식에는 훨씬 못 미치는 가설 건물과 같다. 경기도 일대의 서원들은 대개 한국전쟁의 피해가 심각하여 대부분 파산서원과 같은 운명을 겪었다.

그럼에도 한편에는 3개의 비석을 보존한 비각이 있고, 건물들의 흔적도 눈에 띄어 유서 깊은 서원의 역사를 말해 주고 있다. 또 재실 옆에는 망료위로 쓰였던 시설물도 남아 있다. 복원된 사당은 3×3칸 규모의 맞배지붕집이다. 잘 다듬은 장대석 기단 위에 가공된 정평주초를 갖고 있는 등 격식을 갖추었다.

자운서원(紫雲書院)

경기도 파주군 법원읍 동문리, 1615년 설립, 1650년 사액, 경기도 기념물 제45호

율곡을 봉향하는 서원 가운데 대표적인 것은 황해도의 문회서원(文會書院)으로 신미존치 47서원의 하나다. 반면 자운서원은 대원군 때 훼철되었다가 1970년 제향 공간만 복원된 것이지만, 남한에 있는 율곡의 서원 가운데는 가장 유명한 곳이다.

자운서원은 원래 율곡 집안의 선영이 있으며 율곡 자신의 묘지가 있는 천현면 동문리에 설립되었다. 문회서원이 율곡이 경영한 고산구곡

자운서원의 사당과 묘정비 남한에 있는 율곡의 서원 가운데는 가장 유명한 곳으로 대원군 때 훼철되었다가 뒤에 제향 공간만 복원되었다(위). 사당 옆에는 3미터에 달하는 거대한 비석이 있는데 당대의 명필이며 노론의 영수였던 김수증의 글씨가 새겨져 있다. (왼쪽)

과 연고가 있다면, 자운서원도 이에 못지않게 율곡과 연고가 있는 곳이다. 1713년에 기호 사림의 거봉인 김장생과 박세채(朴世采)를 추가 배향하였다.

전성기 때는 파산서원과 함께 서인과 노론 세력의 경기 북부 거점으로 권세를 구가하였다. 이러한 정치적 배경은 신미년 서원 철폐 때 문회서원에 자리를 양보하고 철폐의 서리를 맞게 된 원인이기도 하다.

비록 사당만 복원되었지만 일대의 넓은 지역은 공원으로 가꾸어져 있고, 인근에 교원 연수원까지 들어차 인지도가 매우 높다. 사당 옆에는 1683년 세워진 묘정비(廟庭碑)가 남아 있다. 3미터에 달하는 거대한 이 비석은 당대의 명필이며 노론의 영수였던 김수증의 글씨가 새겨져 있다. 비석의 아랫부분에는 양식화된 구름 무늬가 새겨졌고, 윗부분에는 팔작지붕 모양의 조각이 얹혀져 조선조 석물 조각의 우수한 예로 꼽힌다.

우저서원(牛渚書院)

경기도 김포시 감정동, 1648년 설립, 1675년 사액, 경기도 유형문화재 제10호

서원 시창기에는 서원에 봉향될 수 있는 인물이란 성리학, 넓게는 유학의 성현들만으로 한정되었다. 그러나 서원 급증기가 시작되는 17세기 중반부터는 나라를 위해 순절한 충신 명장들을 봉향한 서원도 등장한다. 우저서원은 임진란 최대의 의병장 중봉 조헌(重峯 趙憲, 1544∼1592년)을 봉향하였다.

김포 땅은 조헌 일가의 세거지였고 선산이 있는 곳이며, 조헌 역시 이 지방의 현감을 역임한 인연이 있다. 충청도 금산 땅에서 700의병과 함께 순사한 뒤, 1613년 김포의 유림들은 조헌의 옛 집터에 유허비(경기도 유형문화재 제90호)를 세워 서원 건립의 단초를 마련하였다.

창건 당시에는 재실도 있어서 제법 서원의 건축적 틀을 갖추었으나

우저서원 여택당 4칸의 흔치 않은 규모지만 좌우에 온돌방을 들였다. 방의 벽 하부에는 경기, 충청 지방에서 유행한 방화벽을 덧붙여 마치 일상적인 살림집 형태같이 되었다.

현재는 사당과 강당인 여택당 그리고 유허비각만이 남아 있다. 4칸 규모의 여택당은 최근까지 여러 차례 중수하여 예전의 모습을 알아보기가 어렵다. 원래 조헌 일가의 주택 터답게 마을 중심지의 언덕받이에 위치하여 앞으로는 드넓은 김포평야를 바라본다. 그러나 현재는 김포 신시가지 개발로 고층 아파트 숲에 가려 찾아가기도 어려울 정도이다.

언덕 위에 자리잡은 소박한 3칸 사당은 공포 구조가 없는 민도리집이다. 전면에 창호지를 바른 살창을 달아 내부가 밝으며, 개방된 툇간에는 흙바닥을 다진 봉당을 꾸몄고, 3면에는 돌벽을 덧쌓은 방화벽을 만들어 경기도 특유의 민간 건축 기법을 따랐다.

심곡서원(深谷書院)

경기도 용인시 수지읍 상현리, 1650년 설립, 1650년 사액, 경기도 유형문화재 제7호

경기도에 현존하는 서원 가운데 덕봉서원과 함께 비교적 예전의 모습을 보존하고 있는 곳이다. 그 유명한 조광조를 봉향한 곳으로, 이곳에 조광조의 무덤이 있기 때문에 일찍부터 서원 건립의 논의가 있었다. 그러나 재력이 부족하여 인근 모현에 있는 정몽주를 제향한 충렬서원에 배향되었다가 사림들이 본격적으로 정권을 장악한 효종 원년(1650)에 건립과 동시에 사액되었다.

서원 앞에는 수령 500년의 커다란 느티나무와 운치 있는 연못이 조성되었고, 지형의 생김새로 보아 예전에는 꽤나 깊은 골짜기였을 것이다. 현재는 수지 신도시 개발 열풍의 한복판이 되어 버렸고 소란한 신주택지에 둘러싸여 있다.

사당과 강당인 일조당(日照堂), 장판각 그리고 재실(관리사 겸용)로 이루어진 간단한 서원이다. 외삼문과 강당, 내삼문, 사당을 중심축선 상에 배열하고 장판각을 강당 뒤 남쪽에, 4칸 재실을 강당 뒤 북쪽에 둔 변형된 전당후재형의 구성이다. 같은 경기도 안성에 있는 덕봉서원도 전당후재형의 배치를 따르고 있어 기호 지방의 지역적인 형식임을 보여 준다.

3×3칸의 이례적 규모의 강당은 온통 마룻바닥으로 온돌방이 없다. 4면은 모두 판장벽과 판장문이 달려 내부가 어둡고 폐쇄적이다. 강당의 주진입은 뒷면 중앙칸에 난 문을 통하여 이루어진다. 원래는 뒷면 3칸 모두 벽이나 문을 두지 않아 사당 쪽 마당으로 개방된 형식이었던 것으로 보인다.

내부가 모두 마루이고 3칸이 판장벽이며, 마루면의 높이도 꽤 높아 얼핏 보면 사찰의 누각 건물같이도 보인다. 이런 형식의 건물에는 사람

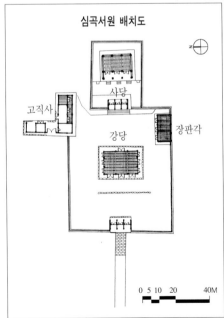

심곡서원 배치도

고직사

사당

장판각

강당

0 5 10 20 40M

심곡서원 내삼문과 사당 외삼문과 강당, 내삼문, 사당을 중심축선상에 배열하였다. 3칸의 사당은 사각 초석 위에 사각기둥을 쓴 소략한 모습이다.

심곡서원 일조당 전면 3칸, 측면 3칸 규모의 강당인 일조당에는 온돌방이 없이 모두 마룻바닥이다. 제향 기능이 우선시되던 18세기경 현재와 같은 모습으로 바뀌지 않았을까 추정된다.

이 상주할 수 없다. 따라서 강학 기능을 수용할 수도 없었고, 오로지 제향 기능만을 위해 후대에 변형된 것으로 추정된다.

강당 내부에 걸려 있는 '산앙재'라는 현판으로 미루어 원래는 1칸 정도의 온돌방이 있었을 것으로도 보인다. 비록 규모가 작고 변형된 내부이지만, 초익공 구조와 화반대공을 가진 장식적인 집이다.

3칸 사당은 사각 초석 위에 사각기둥을 쓴 소략한 모습이다. 잘 다듬은 장대석 3벌대 기단이나 쇠시리 흔적이 있는 화강석제 물받이 등은 원래의 부재지만, 그 위에 올려진 목조 건물은 20세기 초에 중건된 비정통적인 구조물이다.

용연서원 정문, 강당, 사당만으로 이루어진 가장 간략한 규모의 서원 건축이다. 한국전쟁 때 사당만 남고 모두 훼손되었는데 최근 강당과 정문을 복원하였다.

용연서원(龍淵書院)

경기도 포천군 신북면 신평리, 1691년 설립, 1692년 사액, 경기도 유형문화재 제70호

이 지역에 은거하며 만년을 보낸 한음 이덕형(漢陰 李德馨, 1561~1613)을 봉향한 서원으로 조경(趙絅)이 추가 배향되었다. 임진란의 명정치가 이덕형이나 병자호란의 척화파 조경은 모두 남인의 거목으로서, 용연서원은 경기도에 있는 남인 세력의 유력한 근거지였으며, 서원이 설립되고 사액된 시기도 남인 집권기였다.

파산서원 등 경기도에 있는 서원들의 일반적인 입지와도 같이 앞으

로는 너른 들이, 뒤로는 나지막한 산이 감싸는 평지에 세워졌다. 원래 경내에는 사우, 강당, 동재, 서재 등이 있었으나 한국전쟁 때 소실되어 사당만 남게 되었다.

사당 앞의 강당은 1980년대에 복원된 것으로 3×2칸의 내부를 모두 마룻바닥으로 처리하는 등 옛모습을 찾기는 어렵다. 단지 서원의 위치와 경관은 그다지 변화가 없어 다행이다.

유일하게 남은 3칸 사당은 전퇴를 개방한 맞배지붕집이다. 낮은 장대석 기단 위에 원형 초석을 놓고 건물을 세웠다. 구조 형식은 이익공계이며 전면에는 살창을 달았고, 사당으로는 특이하게 창문을 들어올릴 수 있도록 들쇠걸이도 달려 있다.

건물 옆과 뒤 3벽의 아랫부분에는 정사각형으로 깎은 작은 화강석들을 쌓아 덧벽을 만들었다. 이런 벽체 형식을 방화담이라 부르며, 경기도 지방에서는 건물의 기능과 관계없이 방화담을 쌓는 것이 보편적인 고급 기법의 하나였다.

덕봉서원(德峯書院)

경기도 안성군 양성면 덕봉리, 1695년 설립, 1697년 사액, 경기도 유형문화재 제8호

경기도에 현존하는 서원으로는 비교적 원형이 보존된 곳이며 규모도 작지 않다. 숙종 때 판서를 역임한 양곡 오두인(陽谷 吳斗寅, 1624~1689년)의 절의를 추모하기 위해 건립된 서원이다. 오봉리는 역대로 해주 오씨들의 세거지였으며, 현재에도 집성촌을 이루며 큰 규모의 기와집들이 보존되어 있는 마을이다.

비록 서원 철폐 때에 살아 남은 유서 깊은 서원이라 하지만, 강당과 재실들은 1940년에 훼철되었다가 1970년대와 80년대에 중건된 것들이다. 그러나 내삼문이 있는 사당 영역의 축대와 기단의 정교하게 다듬어

내삼문과 기단부 초석과 기단석, 계단석을 정교하게 다듬은 솜씨나 정치한 결합법 등은
이 서원이 당시에 최상급의 건축이었음을 입증한다.

진 화강석 부재들은 옛모습을 지니고 있어 매우 고급스러운 건축이었
음을 말해 준다.

마을의 동쪽 끝, 뒤로는 동산을 앞으로는 툭 터진 평야를 대하며 입
지를 잡았다. 중심축선상에 일주문과 외삼문, 강당, 내삼문, 사당을 배
열한 전형적인 구성이며, 강당 뒤쪽 좌우로 동재와 서재를 두었다. 강
당과 사당, 내삼문 사이가 좁은 관계로 3칸 동서재를 강당 마구리와 겹
쳐서 배치하였다.

강당인 정의당(正義堂)은 5칸 규모로 양쪽에 방과 가운데 3칸에 마
루를 들인 전형적인 평면 형식이다. 전면은 기단과 마루면 사이가 2자
정도로 떨어져 반누각 같은 인상이지만, 앞뒷면 모두에 유리창을 달아

덕봉서원 정의당 5칸의 길쭉한 모습으로 1960년대 고쳐 지어 원형이 많이 바뀌었지만, 전면의 높은 사각초석은 경기 지역의 고급 건축에 자주 쓰였던 궁궐 형식을 엿보게 한다.

어색해졌다. 3칸 사당은 앞퇴를 개방하고 3면에 방화벽을 두른 전형적인 경기도 사당 형식이다. 앞면 기둥 상부는 이익공, 뒷면은 초익공으로 비대칭적인 구조이다.

서원 분포도

강릉●
160
161~162

156~159
146~147
145 ● 148~149 155
서울 150
151~152 154
153
124~126 128
●청주 118~123
127
129~130
3~5 1~2
6~8 ●안동
20~21 9~19
22~28
29~30
53~57
132 131
134~139
133 ●부여 140~144
●대전
33~34 37~44 ●대구
35~36 45~52 ●경주
58~63
81~82
83~85 90~92
●정읍 93~95
86~89 97
96
64~67
68~71 ●합천
72
79~80 부산
98~99 103~106 107~108
광주 100~102
73 76
74~75 77~78
117 ●순천
109~110 111~115 116
163
164

범 례

	15. 도산*	32. 덕양	49. 청호	66. 송호	83. 용암	100. 월봉	117. 옥천	134. 창강	151. 충렬*
	16. 봉암	33. 금오*	50. 자계	67. 청계	84. 구성	101. 죽수	118. 신항	135. 칠산	152. 심곡*
	17. 서산	34. 낙봉	51. 지산	68. 용연	85. 백석	102. 도원	119. 송천	136. 부산	153. 덕봉*
1. 명계	18. 임천	35. 노강	52. 용계	69. 충현	86. 도계	103. 경현	120. 송계	137. 청일	154. 기천
2. 운암	19. 병암	36. 회연	53. 입암	70. 송호	87. 남고	104. 월정	121. 구계	138. 창렬	155. 운계
3. 삼계	20. 근암	37. 사양	54. 학삼	71. 노봉	88. 무성*	105. 미천	122. 기암	139. 동곡	156. 미원
4. 도연	21. 옥동	38. 동락	55. 학산	72. 예림	89. 고암	106. 봉산	123. 죽계	140. 돈암*	157. 회산
5. 봉산	22. 도남	39. 임고	56. 죽림	73. 도천	90. 창계	107. 영귀	124. 화암	141. 노강*	158. 용연*
6. 소수*	23. 흥암	40. 도잠	57. 서산	74. 종천	91. 창계	108. 덕양	125. 운곡	142. 휴정	159. 옥병
7. 오계	24. 효곡	41. 송곡	58. 서악*	75. 옥산	92. 용암	109. 녹동	126. 누암	143. 죽림	160. 동명
8. 방산	25. 연악	42. 창주	59. 옥산*	76. 대각	93. 영천	110. 죽정	127. 상현	144. 숭양	161. 송담
9. 호계	26. 봉산	43. 구천	60. 구강	77. 도산*	94. 덕암	111. 서봉	128. 황강	145. 우저*	162. 오봉
10. 경광	27. 청암	44. 용계	61. 동강	78. 반곡	95. 신안	112. 연곡	129. 성암	146. 파산*	163. 용산
11. 청성	28. 낙암	45. 송호	62. 운곡	79. 서산	96. 운곡	113. 강성	130. 송곡	147. 자운*	164. 창절*
12. 병산*	29. 속수	46. 도동*	63. 용산	80. 덕연	97. 창주	114. 예양	131. 충현	148. 노강	
13. 사빈	30. 명곡	47. 낙빈	64. 남계*	81. 화산	98. 필암*	115. 반계	132. 화암	149. 도봉	
14. 고산	31. 우곡	48. 예연	65. 구천	82. 화암	99. 봉암	116. 덕양	133. 문헌	150. 사충	

(이름에서 '서원'이란 말은 생략함. 본문에 나온 서원은 *로 표시함.)

소중한 건축 자산, 서원

16세기 중반에 설립되기 시작하여 1871년 홍선대원군의 철폐기까지 300여 년에 걸친 서원 운동은 시대에 따라 다양한 모습으로 나타났다. 역사상 설립되었던 서원과 사우의 총수는 900여 개소를 넘었고, 서원 설립과 운영이 절정에 달하였던 18세기 초에는 600여 개소의 서원이 동시에 존재하고 있었다. 조선 말까지 공교육 기관인 향교가 총 230여 개소였던 것과 비교하면, 사교육 기관인 서원은 3배에 달하는 압도적인 수효였다.

대원군의 철폐령 이후 사우와 서원들은 역사상 존재하였던 총량의 20분의 1 정도만 살아 남았다. 그나마 존치된 47개소 가운데 20개소는 서원이 아닌 사우였다. 27개소의 서원 가운데 5개소는 북한에 있고 경기, 강원 일대의 6개소는 한국전쟁 등으로 불타 버렸거나 심하게 변형되어 원형을 알 수 없다. 따라서 어느 정도 원형이 보존된 것은 불과 16개소에 지나지 않는다. 그나마 건축적인 가치를 가지고 있는 것은 10여 개소에 불과하다. 이 정도의 소수 사례를 가지고 서원 건축의 유형을 논한다거나 시대적 변천의 역사를 살핀다는 작업은 불가능하다.

물론 19세기 말부터 현재까지 훼철되었던 서원이 후손들을 중심으로

꾸준히 복원되어 수백 개소에 이르고 있지만, 예전의 원형과는 전혀 다른 형식적인 건축만 가능할 뿐이다. 그들 대부분은 앞에 강당, 뒤에 사당을 놓는 획일적인 배치로 서원의 격에 맞지 않는 화려하고 크기만 한 건물들, 천편일률적인 형태와 구조 등 개별 건축으로서의 가치를 찾아보기 어렵다. 무엇보다 서원을 설립하고 경영하였던 조선 성리학자들의 깊은 내면 세계와 진지한 정신이 없는 형식만 남은 것들이어서 건축사 연구의 대상으로 삼기에는 부적합하다.

또 한 가지 문제는 건물 중심의 건축사 연구의 태도 때문에 서원 건축은 사찰 건축이나 궁궐 건축, 심지어 주택 건축에 비해 기초적인 연구가 부족하였던 점이다. 사찰 건축에 대한 상세한 조사 연구 보고가 50여 건에 이르는 반면, 서원의 경우에는 도산서원과 도동서원 정도가 있을 뿐이다. 기타 개인적인 연구 보고인 병산서원과 필암서원을 포함하더라도 4건에 불과하다.

그럼에도 불구하고 서원 건축은 양과 질 모든 면에서 조선시대 건축을 대표하는 소중한 건축 분야이다. 조선시대를 유교 사회라 하고 유교 사회의 주도층을 성리학자들이라 한다면 그들이 가장 심혈을 기울였고 그들의 정신이 가장 깊게 투영된 건축이었다. 절검의 정신, 절제와 추상의 정신, 우주와 인간을 일체화시키려고 하였던 옛 지식인들의 거대한 노력들은 물질과 유행과 자본에 찌든 현대 건축에 무한한 교훈과 가능성을 던져 주는 귀중한 건축 자산이다.

현존 사례가 극소수에 불과하기 때문에 서원 건축의 일반론이나 발달사를 논하는 것은 큰 의미가 없다. 오히려 현존하는 소수의 예를 보석과 같이 소중히 다루면서 서원 하나하나의 특징과 개별적인 가치를 살펴보는 것이 의미 있는 자세라 하겠다. 또한 그들 속에 녹아 있는 성리학적인 건축관과 정신의 실체들을 규명해 보는 것 역시 현대적으로도 큰 의의가 있는 작업일 것이다.

참고 문헌

『강원도 향교·서원·사찰지』, 강원도, 1992.

『경기도 향교·서원 건축 조사 보고서』, 서울대학교·경기도, 1986.

『도동서원 실측 조사 보고서』, 새한건축, 1989.

『도산서원 중수지』, 문화재관리국, 1979.

『병산서원 - 그 건축적 이해』, 울산대학교 건축학과, 1990.

김은중, 『한국의 서원 건축』, 문운당, 1994.

김지민, 『한국의 유교 건축』, 발언, 1996.

윤사순, 『한국 유학 사상론』, 열음사, 1989.

이상해, 『서원』, 열화당, 1998.

정순목, 『한국 서원 교육 제도 연구』, 영남대학교 민족문화연구소, 1980.

──, 『중국 서원 제도』, 문음당, 1990.

최완기, 『한국의 서원』, 대원사, 1991.

──, 『한국 성리학의 맥』, 느티나무, 1989.

김봉렬, 「병산서원:집합이 건축이다」, 『이상건축』, 1996. 1.

──, 「도동서원:성리학의 건축적 담론」, 『이상건축』, 1996. 3.

──, 「독락당과 옥산서원:은둔을 위한 미로들Ⅱ」, 『이상건축』, 1996. 9.

──, 「도산서원:최소의 구조, 최대의 건축」, 『이상건축』, 1997. 2.

민병하, 「조선시대 서원정책고」, 『대동문화연구』 15호, 1970.

이해준, 「조선 후기 문중서원 연구」, 국민대 대학원 박사학위 논문, 1993.

조상순, 「필암서원의 건축적 특성에 관한 연구」, 성균관대학교 석사학위 논문, 1997.

최완기, 「조선조 서원의 교학 기능 일고」, 『사학연구』 25호, 1975.

정만조, 「17~18세기의 서원 사우에 대한 시론」, 『한국사론』 2호, 1975.

조원섭, 「영월의 유교 건축 양식에 관한 연구」, 『영월대학 연구논문집』, 1998.

빛깔있는 책들 102-43

서원 건축

글, 사진 | 김봉렬
초판 1쇄 발행 | 1998년 12월 15일
초판 4쇄 발행 | 2016년 5월 25일

발행인 | 김남석
발행처 | ㈜대원사
주　소 | (06342) 서울특별시 강남구 양재대로 55길 37, 302
전　화 | (02)757-6711, 6717~9
팩시밀리 | (02)775-8043
등록번호 | 제3-191호
홈페이지 | http://www.daewonsa.co.kr

🏳 값 13,000원

ISBN | 89-369-0222-9 04540
　　　 978-89-369-0000-7 (세트)

빛깔있는 책들

민속(분류번호:101)

1 짚문화	2 유기	3 소반	4 민속놀이(개정판)	5 전통 매듭
6 전통 자수	7 복식	8 팔도 굿	9 제주 성읍 마을	10 조상 제례
11 한국의 배	12 한국의 춤	13 전통 부채	14 우리 옛 악기	15 솟대
16 전통 상례	17 농기구	18 옛 다리	19 장승과 벅수	106 옹기
111 풀문화	112 한국의 무속	120 탈춤	121 동신당	129 안동 하회 마을
140 풍수지리	149 탈	158 서낭당	159 전통 목가구	165 전통 문양
169 옛 안경과 안경집	187 종이 공예 문화	195 한국의 부엌	201 전통 옷감	209 한국의 화폐
210 한국의 풍어제	270 한국의 벽사부적	279 제주 해녀	280 제주 돌담	

고미술(분류번호:102)

20 한옥의 조형	21 꽃담	22 문방사우	23 고인쇄	24 수원 화성
25 한국의 정자	26 벼루	27 조선 기와	28 안압지	29 한국의 옛 조경
30 전각	31 분청사기	32 창덕궁	33 장석과 자물쇠	34 종묘와 사직
35 비원	36 옛책	37 고분	38 서양 고지도와 한국	39 단청
102 창경궁	103 한국의 누	104 조선 백자	107 한국의 궁궐	108 덕수궁
109 한국의 성곽	113 한국의 서원	116 토우	122 옛기와	125 고분 유물
136 석등	147 민화	152 북한산성	164 풍속화(하나)	167 궁중 유물(하나)
168 궁중 유물(둘)	176 전통 과학 건축	177 풍속화(둘)	198 옛 궁궐 그림	200 고려 청자
216 산신도	219 경복궁	222 서원 건축	225 한국의 암각화	226 우리 옛 도자기
227 옛 전돌	229 우리 옛 질그릇	232 소쇄원	235 한국의 향교	239 청동기 문화
243 한국의 황제	245 한국의 읍성	248 전통 장신구	250 전통 남자 장신구	258 별전
259 나전공예				

불교 문화(분류번호:103)

40 불상	41 사원 건축	42 범종	43 석불	44 옛절터
45 경주 남산(하나)	46 경주 남산(둘)	47 석탑	48 사리구	49 요사채
50 불화	51 괘불	52 신장상	53 보살상	54 사경
55 불교 목공예	56 부도	57 불화 그리기	58 고승 진영	59 미륵불
101 마애불	110 통도사	117 영산재	119 지옥도	123 산사의 하루
124 반가사유상	127 불국사	132 금동불	135 만다라	145 해인사
150 송광사	154 범어사	155 대흥사	156 법주사	157 운주사
171 부석사	178 철불	180 불교 의식구	220 전탑	221 마곡사
230 갑사와 동학사	236 선암사	237 금산사	240 수덕사	241 화엄사
244 다비와 사리	249 선운사	255 한국의 가사	272 청평사	

음식 일반(분류번호:201)

60 전통 음식	61 팔도 음식	62 떡과 과자	63 겨울 음식	64 봄가을 음식
65 여름 음식	66 명절 음식	166 궁중음식과 서울음식		207 통과 의례 음식
214 제주도 음식	215 김치	253 장醬	273 밑반찬	

건강 식품(분류번호:202)

105 민간 요법   181 전통 건강 음료

즐거운 생활(분류번호:203)

67 다도   68 서예   69 도예   70 동양란 가꾸기   71 분재
72 수석   73 칵테일   74 인테리어 디자인   75 낚시   76 봄가을 한복
77 겨울 한복   78 여름 한복   79 집 꾸미기   80 방과 부엌 꾸미기   81 거실 꾸미기
82 색지 공예   83 신비의 우주   84 실내 원예   85 오디오   114 관상학
115 수상학   134 애견 기르기   138 한국 춘란 가꾸기 139 사진 입문   172 현대 무용 감상법
179 오페라 감상법   192 연극 감상법   193 발레 감상법   205 쪽물들이기   211 뮤지컬 감상법
213 풍경 사진 입문   223 서양 고전음악 감상법   251 와인(개정판)   254 전통주
269 커피   274 보석과 주얼리

건강 생활(분류번호:204)

86 요가   87 볼링   88 골프   89 생활 체조   90 5분 체조
91 기공   92 태극권   133 단전 호흡   162 택견   199 태권도
247 씨름   278 국궁

한국의 자연(분류번호:301)

93 집에서 기르는 야생화   94 약이 되는 야생초   95 약용 식물   96 한국의 동굴
97 한국의 텃새   98 한국의 철새   99 한강   100 한국의 곤충   118 고산 식물
126 한국의 호수   128 민물고기   137 야생 동물   141 북한산   142 지리산
143 한라산   144 설악산   151 한국의 토종개   153 강화도   173 속리산
174 울릉도   175 소나무   182 독도   183 오대산   184 한국의 자생란
186 계룡산   188 쉽게 구할 수 있는 염료 식물   189 한국의 외래·귀화 식물
190 백두산   197 화석   202 월출산   203 해양 생물   206 한국의 버섯
208 한국의 약수   212 주왕산   217 홍도와 흑산도   218 한국의 갯벌   224 한국의 나비
233 동강   234 대나무   238 한국의 샘물   246 백두고원   256 거문도와 백도
257 거제도   277 순천만

미술 일반(분류번호:401)

130 한국화 감상법   131 서양화 감상법   146 문자도   148 추상화 감상법   160 중국화 감상법
161 행위 예술 감상법 163 민화 그리기   170 설치 미술 감상법 185 판화 감상법   204 무대 미술 감상법
191 근대 수묵 채색화 감상법   194 옛 그림 감상법   196 근대 유화 감상법
228 서예 감상법   231 일본화 감상법   242 사군자 감상법   271 조각 감상법

역사(분류번호:501)

252 신문   260 부여 장정마을   261 연기 솔올마을   262 태안 개미목마을   263 아산 외암마을
264 보령 원산도   265 당진 합덕마을   266 금산 불이마을   267 논산 병사마을   268 홍성 독배마을
275 만화   276 전주한옥마을